KB233627

덜 가르치고 더 많이 배우는 법
거꾸로 학습코칭

현명한 부모는 가르치지 않는다

거꾸로 학습코칭

정형권 지음

덜 가르치고
더 많이 배우는 법

더메이커

덜 가르치면 더 잘 배운다

아이들에게 공부를 잘 가르치려면 어떻게 해야 할까? 부모들의 고민은 날마다 계속된다. 아이가 공부를 하기 싫어하면 '무엇이 문제일까?' 하고 원인을 찾기 위해 노력한다. 다른 아이들은 어떻게 공부하고 무슨 책을 읽는지 안테나를 바짝 세운다. 아이가 다닐 학원도 알아보고 상담도 받아본다. 하지만 엄마가 열심히 노력할수록 아이는 반대로 가기 일쑤다. 시험이 코앞인데도 천하태평이다. 보다 못해 옆에 끼고 직접 가르쳐본다. 하지만 아이는 듣는 둥 마는 둥 집중을 하지 않는다. 아이 공부가 아니라 엄마 공부가 돼 버렸다. 화가 머리끝까지 올라온다.

‘언제까지 이렇게 해야 하는 걸까?’

‘왜, 아이가 내 마음을 이렇게 몰라주는 걸까?’

‘우리 애는 공부에 소질이 없는 걸까?’

별의 별 생각이 다 든다. 하지만 뚜렷한 해결책은 보이지 않고, 아이를 다그치는 상황이 반복된다. 결국 아이와 갈등도 많아지고 사이도 안 좋아진다.

아마 많은 부모들이 이런 문제로 고민하고 있을 것이다. 이 책은 바로 이런 문제로 고민하는 부모와 학습코치들을 위해 적절한 해결책을 찾고, 아이와 함께 더불어 성장하는 학습코칭 모델을 제시하기 위해 기획되었다.

열심히 잘 가르치기만 하면 아이는 잘 배우게 될 것이라는 믿음은 희망사항에 불과하다. 교육은 아이에게 무엇을 자꾸 집어넣어주는 것이 아니라 아이 안에 있는 잠재력을 끌어내주는 것이어야 한다.

돌이켜보면 아이는 어릴 적 ‘호기심 천국’이었다. 아이는 자발적으로 움직였다. 매일 실수를 반복하면서 빠르게 배워 나갔다. 걸음마를 배울 때 엄마가 특별 과외를 시킨 아이는 없다. 넘어졌을 때 야단치는 부모도 없다. “괜찮아”, “옳지” 같은 엄마의 격려를 받으며 아이는 일어나 다시 한 발을 내딛는다. 이렇듯 걸음마를 배울 때

들어가며 덜 가르치면 더 잘 배운다

에 아이는 자기 안의 동기를 발현시켜 스스로 땅을 딛고 일어섰다. 아이는 자기 힘으로 걸으며 만족스런 표정으로 엄마를 바라보았다. 말을 가르칠 때도 마찬가지다. 아이에게 말을 가르치기 위해 선생님을 부르는 엄마도 없고, 때려가면서 말을 가르친 부모도 없다. 그렇게 하지 않아도 모두 훌륭한 코치였다.

하지만 아이가 학교를 다니면서부터 모든 상황이 변한다. 엄마는 더 이상 "괜찮아", "옳지"라며 격려해주지 않는다. 칭찬도 줄어든다. "더 열심히 해야 해", "이 정도로는 어림도 없어"라며 다그치기 일쑤다. 불과 얼마 전까지 보았던 훌륭한 코치의 모습은 찾아보기 힘들다. 아이도 더 이상 자신의 속도와 수준에 맞는 공부를 할 수가 없다. 모든 것이 혼란스럽다.

어릴 적 걸음마와 말을 가르치던 그 마음으로 되돌아가야 한다. 모든 엄마가 원래 훌륭한 코치였듯이 그 자리로 다시 돌아가면 된다. 하지만 아이도 나이를 먹었고 배워야 할 내용도 복잡해졌다. 그래서 좀 체계적인 학습코칭의 철학과 기술이 필요하긴 하다.

무엇보다 가르친다는 것을 아이에게 뭔가를 집어넣어주는 것으로 생각해서는 안 된다. '어떻게 하면 아이에게 잠재되어 있는 것을 끄집어내줄 수 있을까'라는 방향으로 고민의 색깔을 바꿀 필요가 있다. 생각의 방향을 거꾸로 뒤집어야 하는 것이다. 학습에서 당연하

거꾸로 학습코칭

다고 믿었던 것들에는 뒤집어보고 다시 생각해봐야 할 것들이 수없이 많다. 이러한 오해와 편견을 과감하게 버릴 때 아이는 자기주도적인 학습자로 나아갈 수 있다.

이 책에서는 거꾸로 뒤집어야 할 학습코칭의 방향과 스킬을 정리하여 '거꾸로 학습코칭'으로 체계화하였다. 많은 이들이 '가르침의 종말 시대가 왔다'고 한다. '잘 가르치면 잘 배울 수 있다는 믿음'에서 벗어나야 할 때다. '가르침의 종말 시대'에는 적절한 피드백을 통한 동기 강화가 부모와 코치에게 더욱 중요한 덕목이다.

'거꾸로 학습코칭'을 통해 가르침을 넘어서 자발적이며 조직화된 학습이 건강하게 뿌리 내기를 소망해본다.

2016.4.

정형권

공부를 키우는 힘

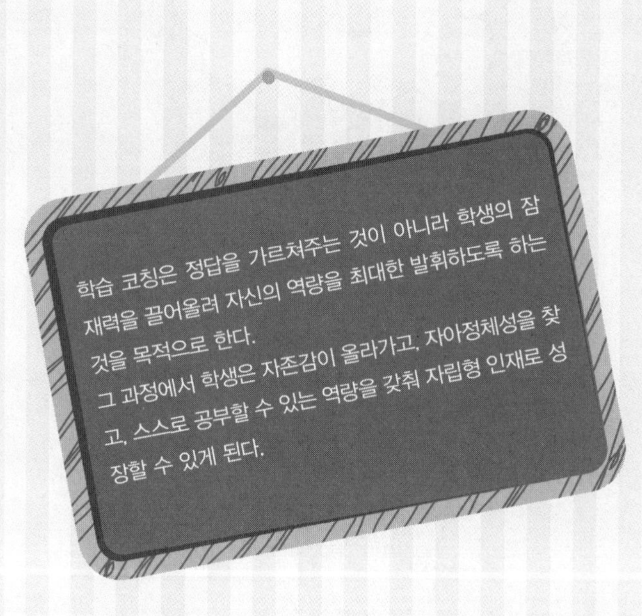

학습 코칭은 정답을 가르쳐주는 것이 아니라 학생의 잠재력을 끌어올려 자신의 역량을 최대한 발휘하도록 하는 것을 목적으로 한다.
그 과정에서 학생은 자존감이 올라가고, 자아정체성을 찾고, 스스로 공부할 수 있는 역량을 갖춰 자립형 인재로 성장할 수 있게 된다.

공부 욕망을 깨우는 코칭

교육이란 알고 싶은 것을
어디서 찾을 수 있을지 가르치는 것이다

– 우드로 윌슨

인간의 마음속에는 알고자 하는 본능이 있다

공부는 인간의 오래된 욕망 가운데 하나이다. 인류의 역사를 "가난과 무지에서 벗어나기 위한 투쟁의 역사"라고 말하는 사람이 있듯이 공부는 인간 역사에서 중요한 테마 가운데 하나이다.

인류의 시원 문명이라 일컬어지는 수메르에도 학교가 있었고, 학교 선생님이 문제학생들을 때리거나 혼냈으며 그것을 무마하기 위해 학부모가 촌지를 건넸다는 기록이 있다고 하니 공부 또한 오래된 투쟁 중 하나라고 할 수 있을 것이다.

인간의 마음속에는 알고자 하는 본능이 있다. 모르는 것을 알게 되었을 때 마음속에서 기쁨과 환희가 일어난다. 당연히 공부는 즐겁고 재미있는 일이다.

그런데 많은 아이들은 학년이 올라가면서 공부가 재미없다고 한다. 왜 그럴까? 그 이유는 공부와 학교를 학생 스스로 선택한 것이 아니라 누군가에 의해서 자신들에게 이미 부여되고 주어진 것들이기 때문이다.

초·중고 때 자신이 원하는 공부를 하는 학생은 드물다. 대부분 대학에 들어가거나 대학을 졸업하고 나서야 비로소 자신에게 필요한 그리고 자신이 원하는 공부를 한다. 따라서 이미 주어진 공부를 해야 하는 아이들은 자신이 원하는 공부를 알게 되고 찾을 때까지 누군가 안내하고 이끌어주어야 하며 또 자신에게 맞는 공부 방법과 공부 습관을 갖출 수 있도록 도와주어야 한다. 그 돕는 행위가 바로 코칭(coaching)이다. 물론 코칭은 공부뿐만 아니라 삶의 전 영역에서 행해지고 적용되고 있다.

'공부(工夫)'는 '쿵푸(功夫)'에서 왔다는 말이 있다. 스승이 제자에게 무예를 보여주면 제자는 그것을 익히기 위해 수많은 시간을 연습한다. 운동선수가 하나의 기술을 익히기 위해 수없이 반복하고 단련하듯 공부도 생각을 단련하고 반복해야 한다. 즉, 공부는 머리로만 하는 것이 아니라 쿵푸처럼 온몸으로 하는 것이다. 하나의 경지에 이르기 위해 자기 몸이 가지고 있는 습관과 행동을 꾸준히 변화시켜 나가는 과정이 바로 진짜 공부이다.

자기주도학습과 코칭

공부의 다른 이름인 학습도 '學(배울 학)+習(익힐 습)'으로 이뤄져 있다. 즉 공부란 배우고 끝내는 것이 아니라 배운 뒤에 배운 것을 수없이 반복해서 익혀야 하는 것이다. 그런데 그렇게 익히는 과정에서 어려움도 겪고 고쳐야 할 부분도 생긴다. 또 내적인 고민도 있을 수 있고 환경의 변화에 대처해야 하는 상황도 생길 수 있다. 그럴 때 도움을 주고 스스로 문제를 해결할 수 있도록 안내해주는 역할을 하는 사람이 필요한데, 그 사람이 바로 코치(coach)다.

학습코치는 공부 습관이 정착되지 않은 학생들이 어떻게 공부해야 하는지 알려주고 학생 내부에 있는 학습동기를 이끌어내서, 학생이 자발적으로 공부할 수 있는 능력을 갖추도록 이끌어주는 역할을 한다.

공자가 《논어》에서 "학이시습지 불역열호(學而時習之 不亦說乎)"라 하였듯이 배우고, 배운 내용을 익혀서 자신의 것으로 만드는 과정에서 즐거움을 느끼는 선순환이 반복되었을 때 학습자는 자기주도 학습(학습자 스스로가 학습의 참여 여부에서부터 목표 설정 및 학습 목표 달성을 위한 계획의 수립, 교육 프로그램의 선정과 학습 계획에 따른 학습 실행, 과정 및 결과에 대한 평가에 이르기까지 교육의 전 과정을 자발적 의사에 따라 선택·결정하고 조절과 통제를 행하게 되는 학습형태이다. 학습자는 이러한 학습의 전 과정을 혼자만의 힘으로 수행할 수도 있고 다른 사람의 도움을 받아 수행할 수도 있다.) 능력을 키울 수 있다.

학생에게 자기주도학습 능력이 필요한 것은 자기 주도적 삶을 살아야 하기 때문이다. 자기 주도적 삶은 생활에서 집중과 몰입도를 높여주고, 집중과 몰입은 행복감을 증진시킨다. 따라서 자기주도학습은 학습자로 하여금 공부에 몰입하게 하여 재미와 의미를 찾아가게 하고, 행복한 공부를 할 수 있게 해준다.

학습코칭은 정답을 가르쳐주는 것이 아니라 학생의 잠재력을 끌어올려 자신의 역량을 최대한 발휘하도록 하는 것을 목적으로 한다. 그 과정에서 학생은 자존감이 올라가고, 자아정체성을 찾고, 스스로 공부할 수 있는 역량을 갖춰 자립형 인재로 성장할 수 있게 된다.

자기주도학습의 구성 요인

자기주도학습을 구성하는 요인은 크게 세 가지다.

학생은 학습과정에 작용하는 동기·인지·행동이 상호작용하여 학생 스스로 목표를 세워 학습하고, 그 결과를 평가하는 과정을 통해 창의력과 문제해결력을 향상시키게 된다.

동기 학습을 시작하고 유지하게 하는 내적인 힘.

인지 지식이나 정보를 기억하고 이해하는 데 사용하는 여러 가지 전략.

행동 적절한 학습 환경과 자신의 행동을 통제하고 시간을 조절하고 관리함.

잠재력을 끌어내주는 학습코칭

> 누구에게나 숨겨진 능력과
> 한없이 발전할 수 있는 능력이 있다.
>
> — 손정의(孫正義)

코칭(coaching)은 '개개인이 자신의 잠재능력을 발견하여 스스로 지속적으로 성장할 수 있도록 도와주는 의사소통 기법'이다. 2002년 월드컵에서 한국의 '4강 신화'를 이루었던 히딩크 감독의 선수 훈련 방법이 바로 '코칭'으로, 그 효과를 이미 인정받은 바 있다.

'코칭'은 사람에게 초점을 맞추어 효과적인 대화 기법과 그 과정을 통하여 문제를 바람직한 방향으로 해결할 수 있게 한다. 또한, 사람들의 내적인 변화를 이끌어내고 개개인이 가진 잠재능력을 개발시켜줌으로써 성숙한 삶으로 안내하고 그들이 속한 조직을 발전시킬 수 있도록 돕는 효과적인 도구라 할 수 있다.

학생들의 어떤 문제를 지시와 명령, 꾸중과 질책의 방법으로 해결하는 것은 매우 어렵다. 이런 방식은 오히려 문제를 더 악화시키고 악순환에 빠지게 한다. 문제 해결의 답은 바로 스스로가 가지고 있기 때문이다. 따라서 학생 스스로 자신의 마음을 움직여 스스로 문제를 해결하고 자신의 잠재능력을 발휘할 수 있도록 코칭을 통해 도와주어야 한다.

〈코칭의 3대 철학〉

★ 모든 사람에게는 무한한 가능성이 있다.

★ 그 사람에게 필요한 해답은 모두 그 사람 내부에 있다.

★ 해답을 찾기 위해서는 파트너가 필요하다.

– 《마법의 코칭》, 에노모토 히데타케

코칭의 제1 전제조건

모든 사람은 무한한 잠재력을 가지고 있다. 이것이 코칭의 제1 전제조건이다. 많은 사람들이 자신의 잠재능력에 대해 의심하고 믿지 않으려 한다. 현재 자신이 처한 상황으로 자신의 미래를 판단하거나, 과거의 실패 경험으로 미래의 실패를 미리 점치기도 한다.

그러나 우리는 자신의 잠재능력을 극대화하여 위대한 결과를 만들어낸 사례를 얼마든지 만나볼 수 있다. 학습코칭을 하면서 아이가 가진 재능이 전혀 주목받지 못하고 쓸모없는 것처럼 대접받는 것을 자주 보게 되는데, 안타까운 마음을 금할 수가 없다. 학생이 가진 단점이나 현재의 부족한 점이 아니라 무한한 잠재력에 초점을 맞추고 바라볼 때 학생은 자신의 감춰졌던 능력을 맘껏 발휘할 수 있다.

괴테는 "당신이 어떤 사람에 대해 현재 처한 모습 그대로 대한다면 그 사람은 계속해서 지금과 같은 상태로 남을 테지만, 만약 당신이 그 사람을 그가 나중에 마땅히 되어야 할 사람으로 대하고 바라본다면 그는 마땅히 그런 모습의 사람이 될 것이다"라고 했다. 그러므로 학습코치는 학생이 현재 처한 모습으로 미래를 예단하지 말고 마땅히 되어야 할 모습으로 바라보아야 한다.

《레 미제라블(Les Miserables)》의 주인공 장발장은 빵조각을 훔친 혐의로 감옥살이를 19년 동안이나 하다가 가석방으로 겨우 풀려난다. 하지만 세상에 나온 그가 갈 곳은 없었다. 주위의 냉대와 무관심 그리고 '극히 위험한 자'라는 낙인은 그를 절망하게 하였다.

그러던 어느 날 밤 한 가톨릭 수도원의 문 옆에서 잠을 청하던 그는 주교에게 발견되어 성당 안으로 들어가게 된다. 주교는 형제처럼 그를 대해주며 맛있는 저녁과 잠잘 곳을 기꺼이 내주었다. 하지만 장발장은 그곳에서 은 식기를 훔쳐 달아난다.

얼마 못 가 경찰에 잡힌 장발장은 은 식기를 주교에게서 선물 받았다고 거짓말을 해 확인 차 수도원으로 끌려갔고, '이제 모든 것이 끝났구나' 하고 생각하던 중 자신의 귀를 의심하는 말을 듣게 된다. 주교는 "내가 선물한 것이 맞습니다. 그런데 형제여! 왜 은촛대는 가져가지 않았습니까?" 하며 은촛대마저 내주는 것이 아닌가? 다시 자유의 몸이 된 장발장은 이 사건이 계기가 되어 깊이 참회하고 새로운 인생을 살아가게 된다.

만약 그때 주교가 장발장의 모습을 현재의 모습 그대로 바라보았다면 그의 미래는 어떻게 되었을까? 주교는 장발장이 원석을 품고 있음을 알고 그것을 갈고 닦아 세상 속에서 보석으로 빛날 수 있도록 이끌어주었던 것이다.

학자로 바라보기

미국 조지아주의 어느 빈민가의 한 초등학교에서 있었던 일이다. 동네가 빈민촌이다 보니 공부 여건이 좋지 않았다. 아이들은 혼자서 밥을 먹었고, 숙제를 돌봐줄 식구도 거의 없었다.

이 학교에서 1학년 담임을 맡고 있던 존스(Crystal Jones) 선생님은 환경은 좋지 않았지만 아이들이 공부를 잘하기를 바랐다. 그래서 아이들에게 뭔가 자극을 줘야겠다고 생각했다.

선생님이 사용한 방법은 학생들에게 자신을 '학자'로 바라보게 하는 것이었다. 교실에 누가 찾아오면 아이들을 '학자'라고 소개했으며, 아이들에게 직접 학자가 무슨 뜻인지 설명하도록 했다.

또 아이들에게는 "여러분, 여러분은 학자입니다. 학자는 배우기를 즐기고 배운 내용을 남에게 설명하기를 좋아합니다. 그러니 집에 돌아가면 배운 내용을 학자답게 부모님이나 언니, 형, 누나에게 가르쳐 주세요"라고 했다. 그러자 아이들은 자신을 정말로 학자라고 생각하며 배우는 것을 즐겼고, 배운 내용을 집에 가서 설명해주었다. 또 쉬는 시간에는 배운 내용에 대해 이야기를 나누기도 하였다. 수업을 따라가는 속도도 빨라졌다. 한 학기를 마치자 아이들은 이미 2학년 수준에 도달해 있었다.

선생님은 방학이 되기 전에 아이들에게 1학년 수료식을 열어주었다. 수료증을 나눠주며 칭찬도 해주었다. 그러자 아이들은 서로에게 "2학년생"이라 부르며 즐거워했다. 그리고 1학년이 끝날 즈음에는 90%의 학생들이 이미 3학년 수준에 도달해 있었다. 불과 1년 전에는 그 지역에서 가장 공부를 못하던 아이들이 가장 공부 잘하는 아이들이 된 것이다.

선생님은 아이들이 스스로를 훌륭한 존재로 생각하게 했고, 이것이 아이들의 잠재력을 힘껏 끌어내었다. 만약 선생님이 '이곳은 환경이 좋지 않아서 아이들을 가르치는 건 너무 힘들어. 다른 지역의 아이들보다 학습 수준도 한참 뒤처지는걸' 하면서 부정적인 시각으로 바라보았다면 어떻게 되었을까?

잠재력을 이끌어내다

원래 교육을 뜻하는 education의 어원은 라틴어 educo인데 이는 '잠재력을 이끌어낸다'라는 뜻이다. 이렇게 본다면 지식을 주입하고 전달만 하는 수업은 교육과는 거리가 한참 먼 것이라 할 수 있다. 즉 교사가 주도하는 교사주도학습으로는 학생의 잠재능력을 이끌어내기 어렵기 때문에 자기주도학습을 통해 학생 스스로 자신의 잠재력을 이끌어낼 수 있도록 코칭을 해주어야 한다.

영화 〈매트릭스〉에서 네오는 수면학습을 통해 하이 점프 능력을 향상시키게 된다. 한 건물에서 다른 건물로 점프하는 기술을 습득할 때 네오에게 방해가 되는 것은 바로 자신의 마음속에 움트는 공포심이었다. 그때 교사인 모피어스는 쉽게 점프하는 모습을 보여주면서 "자, 자신을 믿고 한번 날아봐" 하고 네오를 이끌어준다. 네오는 처음에는 실패하지만 결국 공포심을 극복하고 점프에 성공하게 된다. 이처럼 코치는 학생이 자신의 한계를 돌파하여 무언가 습득하고 익힐 수 있도록 격려하고 이끌어주어야 한다.

자신의 한계를 넘어서는 것이 배움의 과정이고 그 과정을 함께하는 협력자가 코치이다. 코치는 코치이(coachee, 코칭을 받는 피코치)

가 기존의 한계를 넘어서서 새로운 세상으로 나아갈 수 있도록 안내해주는 안내자다.

이때 중요한 것은 코치와 코치이 사이의 신뢰이다. 코칭 기술이 아무리 뛰어나도 코치와 코치이 사이에 신뢰가 없다면 코치의 뛰어난 코칭기술도 무용지물이 된다. 사람들은 자신이 존경하는 사람이나 조직과 자신을 동일시하고 싶어 하며 그들과 함께 뭔가 가치 있는 일을 하고 싶어 한다. 그러므로 코치는 헌신과 용기, 성실한 태도, 상대에 대한 존중을 바탕으로 학생과 신뢰관계를 만들어 가야 한다.

신뢰를 쌓는 일이란 물을 한 방울씩 떨어트려 양동이를 채우는 것과 같다. 그만큼 사람 사이에 신뢰가 형성되기는 어려운 일이다. 요즘 청소년들은 과외나 학원 경험이 많아 코칭을 접하더라도 우선 경계하고 의심부터하기 쉽다. 따라서 코치는 학생에게 먼저 믿음을 주어야 하고, 그렇게 준 믿음을 되돌려 받는 데 많은 시간이 걸릴 줄 예상하며 기다리는 지혜가 필요하다.

다르게 바라보기

문제를 어떻게 보느냐가 선택에 지대한 영향을 미친다.

– 존 하몬드

코치는 학생을 바라보고
학생은 공부를 바라본다

학습코치가 학생을 어떤 눈으로 바라보느냐에 따라 학생의 학습
태도와 집중도가 달라진다는 것을 앞에서 얘기하였다. 코치는 학생
을 바라보고 학생은 공부를 바라본다. 학생이 공부를 어떻게 바라
보고 있느냐에 따라 공부를 잘할 수도 못할 수도 있게 된다. 학생이
공부를 '지겨운 것', '해도 소용없는 것' 등 부정적인 시각으로 바라

보거나, '학교만 졸업하면 더 이상 하지 않아도 되는 것', '어른이 되면 하지 않아도 되는 것' 등으로 공부를 특정한 시기에만 하는 것으로 한정짓는다면 당연히 자신의 잠재능력의 최대치를 발휘할 수 없게 된다. 따라서 코치는 학생이 공부에 대해 긍정적이고 폭넓은 시각으로 바라볼 수 있도록 도와주어야 한다.

심리학자 맥퍼슨(Gray Mcpherson)은 악기를 배우는 157명의 아이들을 장기간 관찰하였는데, 그 연구 결과가 시사하는 바가 크다. 유전적 환경이나 타고난 재능이 비슷한 아이들을 대상으로 똑같은 시간을 연습하게 한다면 나중에 실력에 차이가 생기게 될까? 그는 수업이 시작되기 전에 아이들에게 다음과 같은 질문을 던졌다.

"넌 음악을 얼마나 오랫동안 할 계획이니?"

이때 아이들의 대답은 크게 세 가지였다.

◈ 저는 1년만 하고 그만둘 거예요.
◈ 저는 학교를 졸업할 때까지만 하려고요.
◈ 저는 평생 할 거예요.

즉, 아이들 나름대로 본인이 악기를 배우고 연주할 기간을 마음속에 정해놓고 악기 연습에 임한 것이다. 처음에는 수준 차이가 없던 아이들이 9개월쯤 지나자 연주 실력이 벌어지기 시작했는데, 평생 연주할 계획이라고 답한 아이들의 연주 실력이 1년 정도만 하고 그만둘 거라는 아이들의 수준보다 4배 정도 높은 결과가 나왔다. 같은 기간에 같은 시간을 연습했는데 실력 차이가 나는 것을 이상하게 여긴 맥퍼슨은 평생 연주하겠다는 그룹의 아이들의 연습시간을 줄여보기로 했다. 다른 아이들은 일주일에 한 시간 반을 연습하게 하고, 그 아이들은 일주일에 20분만 연습하게 했다. 그럼에도 결과는 달라지지 않았다. 오히려 평생 연주하겠다고 답한 아이들의 연주 실력과 다른 아이들의 연주 실력은 더욱 벌어졌다.

어떻게 이런 결과가 나온 것일까? 무엇이 이런 차이를 만들었을까? 지속적으로 아이들을 관찰하던 맥퍼슨은 아이들에게서 어떤 차이를 발견하였는데, 그것은 바로 '집중력'의 차이였다.

'평생 연주하겠다'고 답한 그룹의 아이들은 자신을 음악가라고 생각해서인지 연습에 집중하는 모습을 보여줬다. 반면에 '1년 정도만 하고 그만둘 생각'인 아이들은 음악을 취미 정도로 생각했기 때문에 자기 능력의 최대치를 끌어내려고 하지 않았다. 단지 자신을 어떻게 바라보고 대상에 대해 어떤 관점을 가지느냐에 따라 실력의 차이가 만들어진 것이다.

뜻은 같지만 다른 말

어느 날 앞을 보지 못하는 걸인이 거리에서 구걸을 하고 있었다. 그는 많은 행인들이 지나가는 거리에서 "저는 장님입니다. 도와주세요(I'M BLIND. PLEASE HELP)"라고 쓰인 팻말을 걸어놓고 매일 구걸하며 생활하고 있었다. 하지만 대부분의 행인들은 무심히 지나쳤고 몇 명만이 동전을 던질 뿐이었다.

그러던 어느 날 어떤 여인이 걸인 앞에서 한참을 서 있다가 갔다. 여인에게서 동전을 기대했던 맹인은 실망했다. 그런데 그 여인이 떠난 후 얼마 지나지 않아 맹인의 동전 바구니에는 예전보다 훨씬 많은 동전과 지폐가 쌓이기 시작했다. 다음날도 마찬가지였고 그 다음날도 맹인의 바구니에는 이전보다 많은 동전이 쌓이고 있었다.

'무슨 일이지? 왜 사람들이 달라졌지……?'

맹인은 그 이유를 알 수 없었다. 다만 며칠 전에 한 여인이 자신 앞에서 뭔가를 하고 간 이후에 이런 일이 벌어진 것만은 확실하다고 생각했다.

그러던 어느 날 걸인을 찾아와서 인사하는 사람이 있었다. 그 사람이 며칠 전의 그 여인임을 알아 챈 걸인은 그녀에게 그동안에 벌어진 이야기를 한 후, "그날 당신이 무엇을 한 건가요?" 하고 물었다.

"저는 팻말에 써진 글을 바꾸었을 뿐이에요. '참 아름다운 날입

거꾸로 학습코칭

니다. 그런데 저는 그것을 볼 수가 없어요(IT'S A BEAUTIFUL DAY AND I CAN'T SEE IT)'라고요.”

'장님이니 도와달라'는 문구는 그 장님을 단순히 불쌍하고 도와줘야 할 대상으로 인식시키는 데 그치고 말지만, '아름다운 경치를 함께 볼 수 없어 안타깝다'는 표현은 사람들에게 동정심보다는 내가 가진 많은 것들에 대해 감사함을 느끼게 하고, 더 나아가 장님에게 미안한 마음을 불러일으켜 적극적으로 돕고자 하는 마음을 자극한 것이다. 그 여인은 장님을 바라보는 행인의 관점을 새롭게 디자인한 것이다.

교육은 '집어 넣어주는 것'이 아니라 '끌어내주는 것'이라고 했다. 교육은 집어 넣어주는 것이라는 관점을 가진 부모들은 자녀에게 학원과 과외를 강요한다. 하지만 이러한 관점은 오히려 자녀의 배움을 가로막는 거대한 벽으로 작용할 뿐이다.

학습코치는 학생에게 지식을 열심히 설명해줄 것이 아니라 학생이 공부에 대해 새로운 시각을 가질 수 있도록 다양한 스킬을 이용하여 학습에 대한 시각과 관점을 디자인해주이야 한다.

1. 교육은 '집어 넣어주는 것'이 아니라 '끌어내주는 것'이다.

2. 학생에게 공부할 지식을 열심히 설명해줄 것이 아니라 학생이 공부에 대해 새로운 시각을 가질 수 있도록 학습에 대한 시각과 관점을 디자인해주어야 한다.

학습코칭의 기술

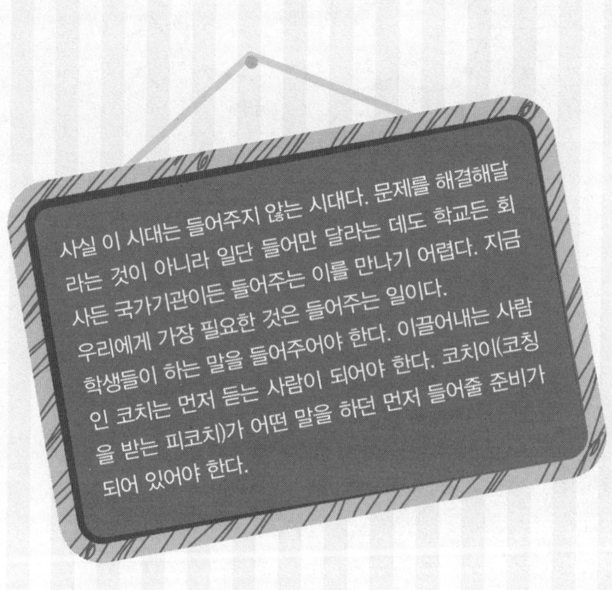

사실 이 시대는 들어주지 않는 시대다. 문제를 해결해달
라는 것이 아니라 일단 들어만 달라는 데도 학교든 회
사든 국가기관이든 들어주는 이를 만나기 어렵다. 지금
우리에게 가장 필요한 것은 들어주는 일이다. 이끌어내는 사람
인 코치는 먼저 듣는 사람이 되어야 한다. 코치이(코칭
학생들이 하는 말을 들어주어야 한다. 코치이(코칭
을 받는 피코치)가 어떤 말을 하던 먼저 들어줄 준비가
되어 있어야 한다.

교사의 일이란 자신의 인간성을 학생들과 직접 부딪치고
함께 공유하는 것입니다.

− 하시모토 다케시

학습코칭은 주로 대화를 통해 진행한다. 대화는 코칭의 핵심 도구이다. 학습코칭에서 제시하는 대화 모델을 잘 활용하면 효과적인 코칭을 진행할 수 있으며 대화의 목적과 방향을 잃지 않고 나아갈 수 있다.

또한 코칭 대화의 틀은 코치와 학생이 서로 협력할 수 있는 환경을 만들어주며 성과를 향해 나아가는 과정을 예측할 수 있도록 한다.

단계	주요 내용	세부내용
1	초점 맞추기	· 오늘은 무슨 이야기를 해볼까? · 이번 방학에는 무엇을 이루고 싶니? · 지금 가장 중요하고 시급한 것이 무엇일까? · 현재 자신의 어떤 부분을 변화 키고 싶은가?
2	가능성 발견	· 어떤 목표와 경지에 도달하고 싶은가? · 과거에 어떤 시도를 해보았고 그 결과는 어땠는가? · 친구들의 학습방법 중에서 따라 해보고 싶은 것이 있다면?
3	실천계획 수립	· 우선 오늘부터 실천할 수 있는 것들은 무엇일까? · 실천할 계획을 함께 세워보자. · 목표에 도달하기 위해 중간 중간 작은 목표를 세워볼까?
4	걸림돌 제거	· 계획을 실천하는 데 어려운 점은 무엇인가? · 내가 무엇을 어떻게 도와주면 좋겠니? · 걸림돌이 있다면 어떤 것이 있고 해결하는 좋은 방법이 있다면? · 계획을 실천하고 이루기 위해 내가 바뀌어야 할 부분은 무엇인가?
5	마무리	· 오늘 수업을 통해 새롭게 깨닫거나 배운 것이 있다면? · 실천하기로 약속한 것은 무엇인가? · 이번 주에는 무엇을 할 계획인가? · 오늘 수업의 만족도는 10점 만점에 몇 점인가?

학습코칭을 향상시키는 기술

학습코칭의 대화 모델로 코칭을 진행할 때는 적절한 코칭의 스킬을 활용하는 것이 좋다. 물론 1장에서 얘기했듯이 코치와 학생의 신뢰관계가 우선이다. 신뢰가 형성되지 않았다면 아무리 현란한 기술로 코칭을 해도 학생의 마음을 움직이지는 못할 것이다. 따라서 학생을 존중하고 그가 무한한 가능성을 가진 존재라는 믿음을 바탕으로 접근할 때, 코칭의 기술 또한 더욱 발전할 것이다.

단계	주요 내용	세부내용	비고
1	경청	겉으로 드러나는 모습이 아니라 말하는 사람의 내면에 있는 감정, 동기, 가치, 욕구 등 우리가 이해해야 할 모든 것을 파악하는 적극적 경청 스킬 "네가 화가 많이 난 것 같구나." "다른 사람이 놀릴까봐 당황스러운 것 같구나." "축구 할 때 공을 놓쳐서 실망한 것 같구나." "시험을 망쳐서 속이 많이 상했겠구나." "그 일로 정말 마음이 아팠겠구나." "저런, 너 완전히 녹초가 된 것 같은데."	공감적 경청 방법 연습
2	질문	중립적이면서도 초점이 맞춰진 강력하고 핵심적인 질문 / 자신의 문제점과 해결책을 발견하도록 도와주는 질문 "이것이 네가 할 수 있는 가장 좋은 방법이었니?" "시험 준비 중에 잘한 일은 무엇이고 부족한 부분은 무엇이었니?" "오늘 배운 걸 설명해줄 수 있겠니?" "내가 어떤 걸 도와주면 좋겠니?" "복습은 충분했다고 생각하니?" "지난 일주일은 100점 만점에 몇 점이라고 생각하니?" "그렇게 생각하는 이유는 무엇 때문이지?"	질문의 힘 배움

3	긍정적 피드백 (칭찬, 인정, 격려)	사람에게 초점을 맞추고 학습, 행동, 노력, 과정, 기여를 구체적으로 칭찬 "네가 공부하기를 좋아하니까 나는 참 기쁘다." "숙제를 하고 있었구나." "설거지를 해놓았구나. 주방이 깔끔한데." "시험은 좋은 결과를 얻는 것보다 최선을 다하는 과정이 더 중요하단다." "시합에 졌다고 해서 인생의 패배자가 되는 건 아니야."	바람직한 칭찬 알기
4	발전적 피드백 (조언, 메시징)	말하고자 하는 것을 간결하며 중립적 언어로 바꿈 / 시의적절한 언어로 바꾸는 것 "네가 자꾸 지각을 하는 것이 내게 문제가 되는구나. 나는 네가 책임감 있는 학생이 되지 못할까봐 걱정이 된단다. 앞으로 수업 5분 전까지 와줄 수 있겠니?" "네가 거실에 너의 소지품을 늘어놓으니 내게 문제가 되는구나. 이 문제를 어떻게 해결하면 좋겠니?" "이번 시험은 네가 실수한 것 같구나. 그러면 그 실수를 통해 네가 무엇을 배울 수 있을까를 우리 함께 생각해보자."	중립 언어 연습

특별한 능력

남의 말을 경청하는 사람은 잔잔한 바다처럼 고요한 마음으로
수많은 사람들을 포용한다.

– 발타자르 그라시안

학생들이 하는 말을 들어주어야 한다

미하엘 엔데(Michael Ende)의 소설 《모모》에는 특별한 능력을 가진 모모라는 소녀가 주인공으로 나온다. '시간을 훔치는 도둑과 그 도둑이 훔쳐간 시간을 찾아주는 한 소녀에 대한 이상한 이야기'라는 부제가 붙은 이 소설은 폐허가 된 원형극장에 모모라는 소녀가 찾아들면서 시작된다.

모모가 부모 없는 아이라는 것을 알고 마을사람들은 원형극장을

고쳐 방을 만들어주고 옷과 빵을 가져다준다. 하지만 실제로 도움을 받은 것은 마을사람들이었다. 사람들은 모모만 만나면 엉켰던 문제가 풀리고 기분이 좋아졌다.

그 비결은 모모가 다른 사람의 말을 들어주는 재주를 가졌기 때문이다. 어리석은 사람도 모모를 만나 자신의 이야기를 하다 보면 사려 깊은 생각을 할 수 있게 되었다. 모모가 상대방이 그런 생각을 하게끔 무슨 말이나 질문을 해서가 아니었다. 모모는 결정을 내리지 못하거나 어떻게 해야 할지 모르는 사람들이 자신이 무엇을 원하는지 정확하게 알 수 있도록 귀 기울여 들을 줄 아는 능력이 있었다.

모모는 세상의 모든 것, 사람은 물론 동물, 빗줄기, 바람에게까지도 귀를 기울였다. 온 마음으로 경청해주는 모모 곁에서 사람들은 자신이 얼마나 소중한 존재인지를 새삼 깨달았다. 모모를 잡으러 다니는 시간도둑인 회색신사마저도 모모 앞에서 자기의 속마음을 드러낼 정도였다. 모모의 이런 태도는 시간을 내어 느긋하게 다른 사람의 말에 귀를 기울이는 것이 얼마나 아름다운 일인가를 말해준다.

듣는 게 뭐가 어렵냐고 하는 사람도 있겠지만, 듣는 것은 참으로 어려운 일이다. 누구나 나의 말을 좀 들어달라고 하지만 들어주는 사람이 없어서 자신은 외톨이가 되었다고 생각하고 절망에 빠지기도 한다. 그러나 누군가가 자신의 말을 귀 기울여 들어주기만 해도 그는 마음의 평안을 얻고 자신을 객관적으로 바라볼 수 있게 된다. 그럼으로써 문제의 해결책을 얻기도 한다.

영화 〈울지마 톤즈〉의 이태석 신부(한국인으로 남부 수단의 톤즈에서 의료 등 봉사활동을 하다 병으로 세상을 떠남)는 오랫동안 우리 사회에 큰 울림을 주었다.

이태석 신부를 리더십의 관점에서 연구한 어떤 이는 "그가 톤즈에서 마을을 돌아다니며 숱한 사람들을 만나고 그들의 이야기에 귀기울여 경청하는 모습은 서번트 리더십(다른 구성원들이 공통의 목표를 이루어나가는 데 있어 정신적·육체적으로 지치지 않도록 환경도 조성하고 도와주는 리더십)의 전형"이라고 했다.

사실 이 시대는 들어주지 않는 시대다. 문제를 해결해달라는 것이 아니라 일단 들어만 달라는 데도 학교든 회사든 국가기관이든 들어주는 이를 만나기 어렵다. 지금 우리에게 가장 필요한 것은 들어주는 일이다. 학생들이 하는 말을 들어주어야 한다. 이끌어내는 사람인 코치는 먼저 듣는 사람이 되어야 한다. 코치이(코칭을 받는 피코치)가 어떤 말을 하던 먼저 들어줄 준비가 되어 있어야 한다.

핀란드의 학교는 우리 학교와 무엇이 다른가요

핀란드로 이민을 간 어떤 학부모에게 물었다.
"핀란드의 학교는 우리 학교와 무엇이 다른가요?"
그러자 그는 다음과 같이 답했다.

“여기서는 모든 질문에 답을 해줍니다. 우리가 생각할 때는 별 질문 같지 않은 질문에도 답을 해줍니다. 어떤 질문도 다 질문의 이유가 있다는 거죠. 이런 점이 정말 다르구나 하고 느꼈습니다.”

아이들이 뭔가를 얘기할 때는 다 이유가 있다. 그러므로 ‘무슨 이유로 그런 얘기를 할까?’ 하고 생각하며 들어야 한다. 학교에서든 가정에서든 듣는 수고를 아끼지 말아야 한다.

아이들과 얘기하다 보면 다음과 같이 이야기하는 경우가 있다.

“제가 지금 얘기하고 있잖아요.”
“내가 물어본 것은 대답도 안 해주고…….”

아이들은 자기의 이야기를 들어주는 사람을 애타게 찾고 있다. 의사결정 과정에서 자신들의 의견을 거의 반영하지 않는 부모나 선생님의 일방적인 태도에 아이들은 실망과 분노를 느낀다. 이것이 반복되면 그들은 마음의 문을 닫아버릴 것이다.

물론 아이의 이야기가 터무니없거나 자신에게 유리하게 각색한 것일 수도 있다. 하지만 그런 이야기 속에도 자신이 전하고 싶은 메시지가 모두 들어있다. 그러므로 코치라면 충분히 경청한 다음 주변 상황을 고려하여 종합적인 판단을 내릴 수 있어야 한다.

가장 강력한 설득은 ‘경청’에서 시작된다. 다른 이의 말을 듣기 싫어하는 사람도 자기 말은 들어주길 바란다. 모두가 원하는 ‘경청’이야 말로 공감대를 끌어내는 가장 간단하지만 강력한 수단이다.

공감이 경청의 힘이다

인간의 삶은 '주고받음'을 기본으로 형성된다. 자연의 질서는 '공생'의 그물로 이어져 있으며, 나누고 베푸는 것이 경쟁과 투쟁보다 인간의 삶을 존속시키는 중요한 생활방식이다. 우리가 나누고 베푸는 마음을 지속할 수만 있다면 어려움 속에서도 아름다운 삶을 만들어갈 수 있다.

그리고 그러한 삶이 가능하기 위해서는 한 가지 충족되어야 하는 조건이 있다. 바로 상대방의 마음을 읽어낼 수 있는 공감 능력이다. 특히 상대의 아픈 마음을 읽어낼 수 있는 능력을 갖춘다면 개인이든 기업이든 상대방에게 필요한 서비스와 가치를 제공할 수 있을 것이다.

진화의 역사를 보면, 곤충과 포유류는 그들에게 먹이를 공급해주는 식물의 필요를 인식하고 그에 맞는 최적화된 시스템을 제공했다.

곤충은 꽃 피우는 식물의 수술의 꽃가루가 암술머리에 옮겨져야 하는 필요를, 포유류는 열매 맺는 식물의 씨앗 운송의 필요 등을 읽어내고 그 필요를 충족시켜주는 서비스를 개발했다. 그들이 어떻게 수억 년 전에 자기 고객인 식물의 욕구를 감지했는지 알 수 없지만 그렇게 함으로써 그들은 자신들의 역사를 지속시킬 수 있었다.

'공감'은 어려운 일이다. 내가 아닌 다른 사람의 마음을 헤아리고 그들의 아픔과 필요를 읽어내려면 많은 노력이 필요하다. 당연히 공감하는 법도 연습이 필요하다. 특히, 자녀와 부모 관계, 교사와 학생 관계에서 공감은 필수다. 공감하지 않고 어떻게 그들에게 필요한 것들을 제공하고 혼자 일어설 수 있도록 도울 수 있겠는가? 그래서 경청을 할 때도 공감적 경청을 해야 한다.

아이들과 대화를 하면서 부모는 그들의 입장을 잘 듣고 이를 바탕으로 생각하기보다는 먼저 판단하고 무언가를 가르쳐주려고 한다. 하지만 서로 공감하지 못한 상황에서 하는 부모의 조언이 그들의 귀에 들어갈 리 만무하다. 아이들이 하는 이야기를 메모하면서 들으면 좀 더 공감하기가 쉬워진다. "낮은 곳으로 임하라"는 말은 참으로 진리다. 아이들의 고민이 있는 곳, 아픔이 있는 곳으로 내려가서 함께 고민하고 해결책을 찾는 것이 중요하다.

거꾸로 학습코칭 포인트

1. 가장 강력한 설득은 '경청'에서 시작된다.

2. 공감을 할 수 있어야 상대에게 필요한 것을 전해줄 수 있다.

질문과 본질

적절한 질문은 문제의 본질을 보게 한다

"오늘이 인생의 마지막 날이라면 나는 오늘 계획한 일을 할 것인가?"

스티브 잡스는 매일 아침 이 '질문'을 던지며 하루를 시작했다고 한다. 그리고 자신이 계획한 일 중에서 내일 죽는다 해도 오늘 꼭 해야 할 만큼 소중한 일을 찾아 그 일을 우선으로 했다고 한다. 그는 자신에게 던진 '질문'을 통해 자기 삶의 본질을 놓치지 않으려 했고 그에 합당한 소중한 일들을 하며 하루를 보낼 수 있었다. 덕분에 그는 "우주에 흔적을 남기고 싶다"는 자신의 꿈에 다가 설 수 있었다.

나는 어렸을 때 《하버드 대학의 공부벌레들》이라는 프로그램을 즐겨 보았다. 하버드 법대생들의 공부와 생활을 다룬 드라마였는데, 킹스필드 교수는 학생들에게 항상 생각을 유도하는 질문을 던져 좀 더 깊이 사고하고 공부할 수 있도록 이끌었다.

이처럼 적절한 질문은 문제의 본질을 보게 한다. 학생들은 스스로 그런 질문을 하는 훈련이 되어 있지 않으므로 코치는 적절한 질문을 통해 사고력을 키우고 문제의 본질을 볼 수 있도록 도와주어야 한다. 일방적인 대화에서는 상대방이 수동적이 될 수밖에 없다. 상대가 능동적으로 생각할 수 있는 질문을 던져주는 것은 코치의 역할이다.

그러나 질문이 중요하다고 해서 모든 질문이 다 효과가 있는 것은 아니다. 틀린 질문에는 맞는 답이 나올 수 없다. 영화 〈올드보이〉를 보면 이런 대사가 나온다.

"당신의 진짜 실수는 대답을 못 찾은 게 아니야. 자꾸 틀린 질문만 하니까 맞는 대답이 나올 리가 없잖아. '왜 이우진은 오대수를 가뒀을까?'가 아니라 '왜 풀어줬을까?'란 말이야. 자, 다시 왜 이우진은 오대수를 딱 15년 만에 풀어주었을까?"

영화 속의 이 대사는 퇴근하는 남자(오대수)를 납치해서 15년 동안 가뒀다가 풀어주자 풀려난 오대수가 "누가 날 가뒀을까? 왜 가뒀을까?"라는 질문에 사로잡혀 있자 그렇게 해서는 답을 찾을 수 없다는 뜻으로 한 충고이다. 바른 질문의 중요성을 적절하게 잘 표현해준 대사라고 할 수 있다.

질문은 주도적으로 생각하고 행동하게 하는 중요한 코칭의 도구

'우리 아이는 왜 내 말을 안 들을까?'라는 질문으로는 적절한 해답을 찾기 힘들다. 오히려 해답에서 더 멀어지게 할 뿐이다. 왜냐하면 이 질문은 '엄마인 나는 잘하고 있는데, 아이에게 어떤 문제가 있다'를 전제로 출발하고 있기 때문이다. 이럴 경우 '내가 어떤 방식으로 대해야 아이와 잘 소통할 수 있을까?', '내가 아이에게 무엇을 잘못하고 있는 걸까?'라고 질문을 바꾸어 볼 필요가 있다.

현재 상황을 잘 인식하도록 이끄는 질문, 문제를 해결해낼 수 있는 사고를 확장시키는 질문, 가치의 문제를 다루는 질문 등을 해주는 것이 좋다. 긍정적인 질문을 해야 하는 것도 잊지 말아야 한다. 긍정적인 질문은 긍정적인 사고를 이끌어낸다. 또한 질문을 하고 나서는 생각할 시간을 충분히 주어야 한다. 질문 후에 바로 대

답을 재촉하지 말고 충분히 생각하고 대답할 수 있도록 기다려주
어야 한다.

“네가 무슨 일을 했지?”
“이것이 네가 할 수 있는 가장 좋은 방법이었니?”
“결과에 만족하니?”
“시험 준비 중에 잘한 일은 무엇이고 부족한 부분은 무엇이었
니?”
“오늘 배운 걸 설명해줄 수 있겠니?”
“내가 어떤 걸 도와주면 좋겠니?”
“무슨 일로 싸웠니? 엄마에게 상황을 설명해주겠니?”
“복습은 충분했다고 생각하니?”
“지난 일주일은 100점 만점에 몇 점이라고 생각하니?”
“그렇게 생각하는 이유는 뭐지?”

상황에 맞는 질문을 적절하게 해주면 아이는 그에 따른 반응을
보인다. 질문은 상대에게 자신의 문제를 스스로 생각하고 그 해결
점을 찾을 수 있도록 생각을 자연스럽게 열게 하는 신비한 힘이 있
다.
적절한 질문을 주고받아 아이의 학습 의욕을 고취시킬 수 있다.
질문을 통해 아이는 창의적 사고, 논리적 사고, 비판적 사고 등의 사

거꾸로 학습코칭

고하는 방법을 배운다. 한 TV 다큐 프로에서 어렸을 때 입양된 한 국계 유태인 하버드생이 소개된 적이 있다. 이 학생은 양부모님의 양육 방식에 대해 이렇게 얘기했다.

"우리 부모님은 억지로 공부를 강요하지 않았죠. 항상 무언가를 생각하게 하고 여러 문제에 대해 이야기하도록 북돋아 주셨어요."

질문을 통해 아이에게 더 잘 생각할 수 있도록 동기를 끌어내 주었던 것이다. 이처럼 질문은 주도적으로 생각하고 행동하게 하는 중요한 코칭 도구이다.

거꾸로 학습코칭 포인트

1. 적절한 질문은 문제의 본질을 보게 한다.

2. 적절한 질문을 주고받아 아이의 학습 의욕을 고취시킬 수 있다.

3. 아이는 질문을 통해 사고하는 방법을 배운다.

믿음으로 바라보기

거꾸로 학습코칭

당신이 어떤 사람에 대해 현재 처한 모습 그대로 대한다면
그 사람은 계속해서 지금과 같은 상태로 남을 테지만,
만약 당신이 그 사람을 그가 나중에 마땅히 되어야 할 사람으로
대하고 바라본다면 그는 마땅히 그런 모습의 사람이 될 것이다.

— 괴테

"맨날 스마트폰만 하구 노는 데만 정신이 팔려서 공부하는 걸 통 못
보겠어요."

"시험 때가 돼도 아무 걱정도 없고, 그렇게 태평할 수가 없어
요."

엄마들이 많이 하는 얘기다. 이런 얘기를 하면 옆에서 듣고 있던
아이는 엄마를 흘겨보며 바라본다. '아니거든요~'라며 자신을 변호
하고 싶은 마음이지만 상황이 어쩔 수 없어서 그냥 듣고만 있다.

사실 아이들에게 아무 걱정이 없는 것은 아니다. 아이들의 가장 큰 걱정은 공부고, 그 다음은 진로 문제다. 학년이 올라갈수록 진로에 대한 고민이 좀 더 커진다. 엄마가 보기엔 태평한 것 같지만 그 속을 들여다보면 그렇지 않다. 그러니 너무 단정적으로 얘기하는 것은 옳지 않다. 아이들도 자신에 대하여 생각하고 또 걱정하고 있다는 것만큼은 인정해주는 것이 좋다.

"이걸 점수라고 받아왔니?"
"너 때문에 내가 미치겠다."

아이는 시험 때가 되면 나름대로 긴장하고 열심히 공부하지만 결과가 생각만큼 잘 나오지 않는 경우가 많다. 이런 때 가장 힘든 사람은 학생 자신이다. 물론 엄마도 속이 많이 상하는 것은 사실이다. 그렇다고 이렇게 극단적인 말을 하면 아이는 주저앉고 싶은 마음이 들 뿐이다. 노력한 부분에 대해서만큼은 인정과 격려를 해주어야 다시 힘을 내서 다음을 준비할 수 있다.

세계적으로 성공한 사람들의 자서전이나 인터뷰를 보면 공통된 것이 하나 있다. 그들은 자신이 성공할 수 있었던 비결로 실패와 좌절을 겪을 때마다 자신을 믿어주고 격려해준 어머니나 아버지 혹은 자신감이 없던 시절에 용기를 준 스승의 존재를 꼽는 것이다.

부모나 스승의 말을 한평생의 자산으로 가슴속에 담아 결국 성공하게 됐다며 눈시울을 적시는 모습을 보면서 인정과 격려의 중요성을 새삼 느끼게 된다.

'그렇군요~', '그렇게 생각하고 있구나'의 추임새를 의식적으로 사용한다면 코치의 자질을 갖춘 셈이다. 코칭은 상대방에게 초점을 맞춰 적극적인 반응을 보이는 '그렇군요~'라는 짧은 한마디로부터 출발하기 때문이다.

인정과 격려

2학기 중간고사 치른 주영이는 기분이 안 좋고 시무룩했다.

"시험 어땠어? 좋아?"

"망했죠. 뭐. 시험이 상당히 어려웠어요."

"그럼, 다른 애들도 어려웠겠네."

"그렇죠. 등수는 더 오를 것 같아요."

"그럼, 망한 게 아니잖아?"

"그렇긴 하죠."

주영이는 성적이 맨 뒤와 가까운 학생이었다. 가까워도 아주 가까운……. 그러던 아이가 눈높이가 올라갔는지 성적이 올라도 만족하거나 기뻐할 줄 모른다. 지난 시험 때도 그랬다. 성적이 조금 올랐는데도 다 망쳤다면서 괴로워했다. 왜 이런 반응이 나오는 것일까?

주영이 어머니는 완벽주의자에 가깝다. 반듯하고 예의 바르고 꼼꼼하다. 이런 성격이 사회생활을 하면서 일을 하는 데에는 좋을 지 모르지만, 자녀에게는 상당한 스트레스를 준다. 주영이는 엄마 에게서 "부족하다", "그 정도로는 안 된다", "더 해야 한다"는 말을 자주 듣고 있다. 성적이 조금 오르거나 잘한 과목이 있어도 칭찬하 는 법이 없다.

주영이가 공부를 힘들어 하거나 성적이 떨어졌을 때에도 어머니 는 격려하지 않는다. 어머니는 그렇게 하는 것이 주영이가 공부하는 데 도움이 될 거라 생각하는 것 같다. 나도 어머니와 상담하고 나면 불안감이 느껴지는데 주영이야 오죽하겠는가? 그러다 보니까 주영 이 역시 성적이 올라도 만족할 줄 모르고 기뻐하지도 않는다. 오히 려 뭔가에 쫓기듯 불안해한다. 항상 "저, 망했어요. 완전히 망쳤어 요."라는 말을 반복한다.

"주성아, 너 그동안 참 힘들었구나"

고1이 되는 주성이는 안 다녀본 학원이 거의 없다. 영어·수학 학원은 기본이고 속독학원, 연상기억법학원, 스파르타식 기숙학원, 자기주도학습관 등 거의 모든 종류의 학원에 다녔다. "이 동네 근처에 있는 학원은 다 다녀봤을 거예요"라며 불만에 가득 찬 얼굴로 얘기하던 주성이. 당연히 엄마가 다니라고 해서 다녔다. 다니던 학원을 그만두는 것도 엄마가 결정했다. 자신의 의지와 무관하게 수많은 학원을 들어갔다 나오기를 반복했다.

'주성이가 만신창이가 되어 있었다'고 하면 조금 과장된 표현일까? 힘들게 지나온 지난 시간들을 말하며 눈가가 점점 촉촉해져 왔다.

내가 "주성아, 너 그동안 참 힘들었구나"라며 등을 다독여주었더니 그 말은 듣는 순간 주성이는 참았던 눈물을 터트리고 말았다. 자기의 마음을 알아주는 사람을 만나서 너무나 반가웠던지 서럽게 흐느꼈다. 그런 모습을 보고 있으려니 나도 마음이 아팠다.

옛날 어느 유명한 작곡가는 자신에게 개인지도를 받으러 오는 학생 중에서 다른 곳에서 지도를 받았던 사람은 처음 지도를 받는 사람보다 수업료를 더 많이 받았다고 한다. 백지상태인 사람보다 여러 가지 선입관이나 잘못된 습관이 많아서 손이 더 많이 가기 때문이다. 주성이처럼 많은 학원을 순례한 학생들은 코치에게 더 많은 노력을 요구한다. 웬만큼 마음을 추스른 후, 우리는 앞으로의 계획에 관해 얘기를 나누었다.

주성이는 아직 구체적인 꿈이 없다. 좀 더 시간을 갖고 찾아보자고 했다. 꿈을 찾기 위해서라도 공부를 더 해보기로 했다.

거꾸로 학습코칭

"주성아, 너 신문 보는구나"

주성이에게 교과서를 읽어보라고 하였다. 한 페이지 읽는 것도 힘들어 했다. 한 번 더 읽은 다음 노트에 적어보라고 했다. 그런 다음 나에게 설명을 해보라고 하였다. 역시 힘들어했다.

"선생님, 저는 왜 말을 잘 못하죠? 답답해요."

"말을 못하는 게 아니라 내용을 잘못 이해하고 생각이 정리가 안 돼서 그러는 거야. 이제부터 조금씩 연습하면 돼."

수업시간마다 읽고 요약하고 말해보기를 계속했다. 그리고 읽기 능력을 키우기 위해서 신문기사를 읽고 서로의 생각을 나누었다. 주성이는 신문을 읽고 말하는 것에 흥미를 느끼고 적극적이었다. 그래서 수업이 없는 날도 집에서 신문을 읽을 것을 권했다. 조금씩 신문 읽는 날이 많아졌다. 생각도 조금씩 깊어지는 것을 느꼈다.

어느 날 나는 "주성아, 너 신문 읽는 거 부모님이 아셔?"라고 물었다.

"아마 아실 거예요."

"신문 보는 것에 대해 아무 말씀도 하지 않으셨나 보네?"

"네, 왜 신문 보느냐고 물어보지도 않네요."

실망스런 표정으로 주성이는 말했다. 칭찬을 받고 싶은 주성이의 마음을 아는지 모르는지 또 그렇게 중요한 순간을 부모님은 놓치고 있었다. "주성아, 너 신문 보는구나." 이 한마디면 아이는 뿌

듯한 마음에 신이 나서 더 열심히 신문을 읽고 자존감이 올라갈 텐데 말이다.

이런 상황에서 코치는 아이가 의기소침하지 않도록 주의해야 한다. 나는 그동안 해왔던 과정에 대해 주성이와 이야기를 나누면서 조금씩 발전하는 모습을 얘기해주고 내적 동기가 발현될 수 있도록 이끌었다.

또한 매주 주간일지를 통해 한 주간의 성과를 피드백해보는 시간을 가졌다. 자기조절 능력을 기르기 위해서는 무작정 공부를 열심히 하는 것보다 자기를 되돌아보고 스스로 고쳐나가려는 노력이 훨씬 중요하다. 주성이는 매주 자신을 평가하면서 좀 더 나아지기 위해 노력했다.

다행히 그러한 노력에 대한 진심이 통했는지 어머니도 더 이상 간섭하지 않으셨다. 이제 주성이는 자신만을 위한 공부를 하고 있다. 중학교 때 그런 기회를 만들었다면 더 좋았을 텐데, 하는 아쉬움도 있었지만 좀 늦게라도 자신만의 꿈과 목표를 위해 달려갈 수 있어서 다행이라 생각한다.

자존감과 자아효능감(self-efficacy, 자신이 스스로 어떠한 상황을 극복할 수 있고 자신에게 주어진 과제를 성공적으로 수행할 수 있다는 기대나 신념)이 높은 아이가 지속적으로 공부를 잘할 수 있다. 노력한 부분에 대해서는 인정을, 부족한 경우에는 격려를 아끼지 말아야 한다.

부모님들 중에는 공부에 대한 동기부여 방법을 찾는 분들이 많지만, 특별한 동기부여 기법이 있는 것이 아니다. 자녀의 작은 성취를 인정하고 어려울 때 격려를 해주는 것이 강력한 동기부여라는 것을 알아야 한다. 또 자녀의 공부 환경에서 제일 중요한 요인은 부모라는 것도 알아야 한다.

거꾸로 학습코칭 포인트 

1. 자존감과 자아효능감이 높은 아이가 지속적으로 공부를 잘할 수 있다.

2. 자녀의 작은 성취를 인정하고, 어려울 때 격려를 보내는 것이 강력한 동기부여가 된다.

특별한 존재

모든 칭찬이 다 좋다?

칭찬은 코칭의 중요한 스킬 중 하나다. "칭찬은 고래도 춤추게 한다"는 말이 있다. 칭찬의 중요성을 언급할 때 흔히 하는 말이다. 그래서 그런지 요즘 부모들은 자녀들을 칭찬하기에 바쁘다.

그런데 다음의 연구 결과는 "칭찬이 오히려 역효과가 될 수 있음"을 보여주고 있다. 즉 '모든 칭찬이 다 좋다'가 아니라 '적절하지 못한 칭찬은 오히려 부작용을 일으킬 수 있다'는 것이다.

캐롤 드웩(Carol Dweck) 교수가 이끄는 컬럼비아대학교 연구팀이 뉴욕의 20개 학교 학생들을 대상으로 칭찬의 효과에 대한 연구를 했다.

초등학교 5학년생 400명을 대상으로 실험을 했는데, 실험의 목적은 '아이들을 칭찬하면 자신감이 높아질 것'이라는 칭찬의 효과를 확인하는 것이었다. 그런데 잘못된 칭찬은 오히려 아이들이 실패나 난관에 부딪혔을 때 부작용을 낳게 할 수 있다는 결과가 나왔다.

연구팀은 학생들을 두 그룹으로 나누어 문제를 풀게 한 후, 한 집단에게는 '똑똑하다'라는 칭찬을 해주었고, 다른 집단에게는 '열심히 했다'라는 칭찬을 해주었다. 그런 후 두 집단의 아이들에게 문제를 스스로 선택하게 했더니 결과가 다르게 나왔다고 한다. 즉 노력을 칭찬받은 아이들은 90%가 어려운 문제를 선택했고, 머리가 좋다는 칭찬을 받은 아이들은 대부분 쉬운 문제를 선택했다는 것이다. 연구팀은 이 실험에서 "지능을 칭찬받은 아이들은 문제를 풀지 못해 칭찬을 받지 못할 것이 두려워 쉬운 쪽을 선택하는 경향이 있다"고 결론지었다.

또 다른 실험에서 연구팀은 학생들 수준보다 2년 정도 앞선 시험문제를 주었다. 그런데 시험문제 풀기에 실패했을 때 두 집단은 실패 원인에 대해 다른 반응을 보였다고 한다. 노력을 칭찬받은 아이들은 "내가 충분히 집중하지 않았기 때문"이라고 말한 반면, 똑똑하다는 칭찬을 받은 아이들은 "내가 사실은 똑똑하지 않기 때문"

이라고 말했다.

두 집단은 시험문제를 푸는 태도도 달랐다. 노력을 칭찬받은 집단은 적극적으로 문제를 풀면서 문제 해결을 위해 온갖 노력을 총동원했지만, 지능을 칭찬받은 아이들은 땀을 뻘뻘 흘리면서 괴로워만 했다. 지능을 칭찬받은 아이는 결과에 대한 집착이 커져서 과정 자체에 집중하는 힘이 약해졌던 것이다.

적절하지 못한 칭찬은 독이 된다

아이들은 칭찬에 목말라 있다. 그러나 적절하지 못한 칭찬은 독이 될 수 있으므로 코치와 부모는 이런 부분에 유의해야 한다. '결과보다 과정'을 칭찬하고 '지능보다 노력'을 칭찬하는 지혜가 필요하다.

칭찬은 반드시 말로만 할 수 있는 것이 아니다. 얼마든지 몸짓으로도 칭찬의 마음을 전할 수 있다. 칭찬의 몸짓에는 고개를 끄덕이거나 미소 짓기, 감탄하는 눈짓, 엄지손가락 치켜세우기 등이 있다. 교사라면 마이클 샌델 교수처럼 학생의 이름을 물어볼 수도 있을 것이다.

코칭을 하면서 코치와 코치이는 서로에게 의미 있는 존재가 되어야 한다. 그러기 위해서 코치는 학생의 이름을 불러주고 정성을 기울여야 한다.

김춘수 시인이 〈꽃〉이라는 시에서 '내가 그의 이름을 불러주기 전에는 그는 다만 하나의 몸짓에 지나지 않았지만 그의 이름을 불러 주었을 때 꽃이 되었다'고 한 것처럼 저 밑바닥에 의미 없는 존재로 있던 그것은 이름이 불림으로써 의미 있는 특별한 존재가 된다. 그저 뜻 없이 존재하던 꽃은 호명을 받고 고독에서 벗어나 주체적인 만남의 관계를 형성한다.

생텍쥐페리의 《어린 왕자》에는 까다롭고 공주병 걸린 장미꽃이 나온다. 어린 왕자가 그 장미꽃의 요구를 잘 듣고 정성을 다해 돌봐주자 소혹성 B612의 장미꽃은 수많은 장미꽃 중의 하나가 아니라, 어린 왕자에게 특별한 존재가 되었다. 그냥 지나치면 아무것도 아닌 의미 없는 것들도 내가 의미를 부여해주고 사랑을 주면 나에겐 특별한 존재가 된다.

거꾸로 학습코칭 포인트

1. 결과보다 과정을 칭찬하고, 지능보다 노력을 칭찬하자.

2. 칭찬의 몸짓에는 고개를 끄덕이거나 미소 짓기, 감탄하는 눈짓, 엄지 손가락 치켜세우기 등이 있다.

제안과 조언

인간의 가장 중요한 모티브 중 하나는
이해하고 이해받는 것이다.

– 리처드 버그민스터 풀러

칭찬은 강력한 동기 강화의 도구이기도 하지만 항상 칭찬만 할 수는 없다. 어떨 때는 코칭 받는 학생에게 동기를 부여하는 아이디어, 개념, 제안, 조언 등 새로운 생각을 제시하여 학생이 초점을 유지하게 할 필요가 있다. 이러한 메시징과 피드백은 학생을 각성시켜 행동하게 하고 전환이 일어날 가능성을 열어준다. 이 기법이 실제로 작동하기 위해서는 코치와 학생 간의 신뢰관계가 전제 되어야 한다. 서로 신뢰하지 못하는 관계에서 이루어지는 조언이나 제안은 효과를 보기 힘들기 때문이다.

중립적 언어를 사용해야 한다

"얘, 너는 평소에 예습 복습을 안 하니 성적이 잘 나올 수 있니? 이제 매일 예습 복습해!"

"너, 이제부터는 학원이고 뭐고 다 끊고 집에서 혼자 공부해."

시험이 끝나고 나면 부모는 나름대로 분석한 다음, 대응 방안을 찾아내어 메시지를 전한다. 하지만 아이도 나름대로 생각한 것이 있으므로 일단 아이의 의견을 들어보고 적절한 타이밍에 메시징을 하는 것이 좋다.

코칭 대화에서 유용하게 사용할 수 있는 메시징 방법은 조언, 충고, 제안, 목표 정하기 등이 있다. 이때 주의할 점은 되도록 간결하게 질문하고 코치의 의도를 내보이지 않으면서 중립적 언어(코치가 학생의 행동에 대해 판단, 비난, 가정을 하지 않는 언어이다. 학생이 한 사실적 행동이나 주고받은 정보와 같은 아이의 실제적 경험에 초점을 맞춘 언어, 코치가 직접적인 해결 방향을 제시하지 않는 언어이다.)를 사용해야 한다는 것이다. 또한 코치이가 변화의 가능성을 열어가면서 목표를 향해 나아갈 수 있도록 하는 메시징이어야 한다는 것이다. 중립적이지 않으면 아이는 마음속으로 반감을 갖게 될 것이고 코치의 의도대로 끌려가지 않겠다는 생각을 갖게 되므로 코칭은 효과를 거두기가 어렵다.

"너, 그러면 안 돼."

"너, 이제부터 매일 세 시간씩 공부해!"

이러한 지시나 명령을 받는다고 해서 아이들이 곧바로 반성하고 공부에 열중하지는 않는다.

A 이번 시험 준비는 잘 되었던 거 같니?

B 조금 부족했던 거 같아요.

A 어떤 부분에서 준비가 부족했을까?

B 공부할 분량이 너무 많아서 미리 좀 공부를 해야 했는데 그러질 못했어요.

A 그럼 다음 시험을 위해서는 어떻게 준비하는 게 좋을까?

B 평소에 공부를 좀 해야 할 것 같아요.

A 그럼, 평소에 어떻게 공부할지 계획을 세워볼까?

지시나 명령은 사람을 변화시키기 어렵다. 적절한 메시징을 통해 공동의 목표를 이루기 위한 방법을 찾고 객관적으로 상황을 바라보다 보면 해결책을 찾을 수 있게 된다.

또 아이들은 학년이 올라가고 나이를 먹으면서 다양한 문제에 직면하게 되는데, 매일 매일이 새로운 경험의 연속이라 해도 과언이 아니다. 아이들은 상황의 변화와 새로운 경험, 증가하는 학습량 때문에 당황하기도 하고 좌절하기도 한다. 따라서 아이들은 마음을 나누고 조언해줄 친구나 멘토를 간절히 찾고 있는 것이다. 훌륭한 코치는 적절한 메시징을 통해 아이의 인생에 등대가 되어줄 수 있다.

코치는 함께하는 사람이요, 보여주는 사람이다

모든 코칭이 그러하겠지만 때로는 코치가 학생에게 직접 시범을 보여줌으로써 더 빨리 의사 전달을 할 수 있다. 운동선수에게 운동을 가르칠 때 코치는 먼저 시범을 보여준 후 선수에게 똑같이 따라 하게 한다. 말로 설명하는 것보다 직접 시범을 보여주면 선수는 쉽게 따라 할 수 있다. 학습코칭에서도 마찬가지다. 학생과 함께 사전을 찾아본다든지, 책을 읽거나 복습하는 것을 직접 보여준다든지, 시험 준비 계획표를 함께 세워보면 학생들은 따라 하면서 쉽게 이해하고 배울 수 있다. 설명만으로는 학생이 그 내용을 소화할 수 없으므로 시간이 걸리더라도 직접 하는 방법을 보여주는 것이 좋다.

부모도 자녀에게 "공부해라", "숙제해라", "독서해라" 등의 충고만 할 것이 아니라 직접 공부하거나 책을 보는 모습을 보여주고 아이가 공부를 힘들어할 때는 힘든 부분을 함께 해결하기 위해 같이 생각해보는 것도 필요하다. 코치는 가르치기만 하거나 지시하는 사람이 아니라 함께하는 사람이요, 보여주는 사람이다.

피드백 스킬의 유용성

코치가 피드백을 할 때도 어떤 평가 기준을 가지고 피드백을 하느냐가 중요하다. 가령 대학들을 평가할 때도 이들이 생산해내는 가치(아웃풋)를 측정해야 한다. 현재의 대학 평가는 신입생들의 입학점수와 학교의 네임밸류 등 '인풋'에 초점이 맞춰져 있다. 엄밀히 말하면 신입생의 입학점수는 대학의 수준이나 능력이 아니고 고등학교의 능력에 해당한다.

대학들의 취업 현황이나 졸업생들의 만족도, 사회 기여도 등을 기준으로 평가한다면 학생들에게도 득이 된다. 학생들은 어느 대학에 들어가야 학비를 최대한 효과적으로 활용할 수 있는지 알 수 있기 때문이다.

현재 학생들에게는 성적이 가장 큰 피드백의 도구가 되고 있다. 과연 성적이 아이들의 행동을 변화시키고 동기를 강화하는 유용한 측정 도구이며 효과적인 피드백 방식일까? 아니면 더 나은 측정 방법이 있을까?

성적이 그 사람의 실력 향상이나 공부에 대한 과정을 반영해주는 유일한 도구라고는 할 수 없다. 물론 성적이 그룹이나 학교에서 상대적인 위치를 파악하기에 용이한 도구인 것은 사실이다. 그러나 성적만으로 학생에게 피드백을 하는 것은 학생들을 좁은 틀에 가두는 것과 다름없다. 새롭고 효과적인 측정도구와 기준을 가지고 피드백을 할 수 있다면 좀 더 유익한 코칭을 진행할 수 있을 것이다.

가령 매일 공부에 집중한 시간을 측정한다든지, 실제 공부한 양을 비교한다든지, 공부에 대한 만족도를 평가한다든지, 읽기에 집중하는 시간을 재본다든지 하는 등의 성적 이외의 다른 기준으로도 얼마든지 평가가 가능하다. 이러한 다양한 방법들은 공부에 대한 새로운 시각을 열어줄 수 있다.

거꾸로 학습코칭 포인트

1. 지시나 명령은 사람을 변화시키기 어렵다. 적절한 메시징을 통해 목표를 이루기 위한 방법을 찾고 객관적으로 상황을 바라보다 보면 해결책을 찾을 수 있다.

2. 효과적인 측정도구와 기준으로 피드백을 하면 좀 더 유익한 코칭을 진행할 수 있다.

PART 03

배움의 열망

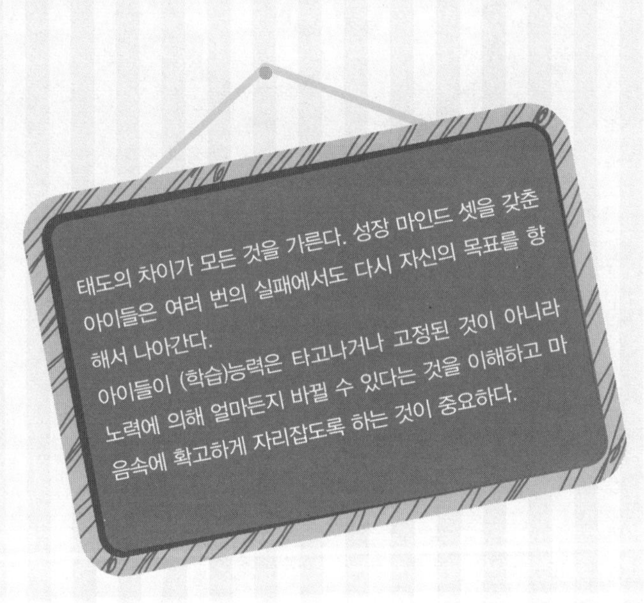

태도의 차이가 모든 것을 가른다. 성장 마인드 셋을 갖춘
아이들은 여러 번의 실패에서도 다시 자신의 목표를 향
해서 나아간다.
아이들이 (학습)능력은 타고나거나 고정된 것이 아니라
노력에 의해 얼마든지 바뀔 수 있다는 것을 이해하고 마
음속에 확고하게 자리잡도록 하는 것이 중요하다.

선량한 본능

어린 시절 배움을 통해 얻은 자극과 체험한 재미는
시간이 지나도 평생 마음에 남습니다.

— 하시모토 다케시

아이들은 원래 학습동기가 높다

모든 인간은 알고자 하는 욕망을 가지고 있고 아이들도 당연히 공부에 대한 열망이 높다. 어렸을 때 호기심에 가득 찬 눈빛으로 "엄마 이게 뭐야?"라고 쉴 새 없이 물으면서 아이는 하루 종일 지치지도 않고 세상에 대한 궁금증을 풀어낸다. 하지만 학교에 들어가고 학년이 올라가면서 아이의 학습동기가 떨어졌다며 하소연하는 부모들이 많다. 또 수업시간에 딴 짓하는 학생들이 늘어나 정상적인 수업진행이 어렵다고 호소하는 선생님도 많다.

이미 주어져 있고 강제되어 있는 학교 공부에 아이들이 흥미를 갖는 것이 쉬운 일이 아니다. 스스로 선택한 주제가 아니고 또 선생님의 일방적인 가르침도 아이들이 수업에 흥미를 갖지 못하게 하는 요인이다. 여러 가지 상황과 조건에 의해 재미없는 수업이 반복되면 아이들은 무기력에 빠지기 십상이고 알고자 하는 본능은 점점 위축되기 시작한다.

재미와 의미를 발견하는 공부

어느 여름날 초등학교 4학년인 영민이와 나는 아버지가 차를 가지러 간 사이 건물 앞에서 잠시 이야기를 나누고 있었다. 부모님이 맞벌이를 하다 보니 부모님과 대화할 시간도 별로 없었고 함께 놀 시간도 없어서 영민이는 이래저래 불만이 많다. 집에서 혼자 늦은 시간까지 있다 보면 무섭기도 하다. 그래서 게임을 통해 심심함과 무서움을 이겨내는 게 영민이의 일상이 되어버렸다. 부모님도 저러다 영민이가 게임에 중독될까봐 걱정이 많다. 부모님은 영민이의 공부 습관을 잡아줘야겠다는 생각에 코칭을 시작하게 되었다.

지나가는 차를 구경하던 영민이가 갑자기 "선생님, 저기 달팽이가 있어요"라고 소리친다.

“어디, 정말 달팽이가 있네.”

아주 작은 달팽이였다. 영민이는 직접 달팽이를 본 건 처음이라고 말하며 신기한 듯 계속 쳐다본다.

“달팽이는 눈이 어디에 있을까?”

영민이는 달팽이의 더듬이를 가리키며 “여기요”라고 소리를 높인다.

“그래? 그럼, 살짝 건드려볼까?”

더듬이를 건드렸더니 달팽이가 순간 움츠러든다.

그 모습에 신이 난 영민이는 좀 더 가까이 얼굴을 들이밀었다.

“달팽이 발은 어디 있을까?”

달팽이 몸의 바닥을 가리키면서 그게 발인 것 같다고 한다.

“달팽이 등껍질이 어떤 느낌인지 살짝 만져봐.”

등껍질을 만지더니 “딱딱한데요”라고 한다.

그렇게 5분 넘게 달팽이를 구경하고 있는데 영민이 아빠가 차를 몰고 오셨다. 차를 타자마자 영민이는 큰 소리로 아빠에게 얘기하기 시작했다.

“아빠, 아까 달팽이를 봤어요!”

“어, 그래…….”

놀라는 반응을 기대했던 영민이는 아빠의 무심한 듯한 대꾸에 순간 당황하여 말을 잇지 못했다. 그래서 나는 영민이 아버지와 둘이 있게 되었을 때 “그럴 땐, ‘어 달팽이가 있어?’ ‘어디에?’라고 하면서 관심을 가져주고 맞장구를 쳐주셔야죠. 그리고 달팽이를 보면서 느낀 점을 말해보게 하고 아빠가 예전에 체험한 달팽이에 대해서도 얘기해 주면 좋구요. 학습동기를 올려주는 방법은 멀리 있는 게 아니라 아이가 흥미와 관심을 가진 부분부터 자연스럽게 시작하면 됩니다"라고 말했다.

공부에 대한 관심과 흥미를 키우는 방법이 멀리 있는 것이 아니다. 아이가 관심 갖는 부분에 눈을 맞춰주면 아이는 그것을 바탕으로 공부에 점점 더 관심을 기울이게 된다.

아이의 학습동기를 올려주기 위해 부모들은 참 많은 노력을 한다. 그리고 성적을 올리기 위해 학원 순례를 마다치 않는다. 그러나 아이는 생각만큼 따라와 주지 않고, 부모의 속은 새까맣게 타들어간다. 하지만 이것은 아이가 재미있어 하고 흥미를 보이는 것에서부터 시작해야 한다는 것을 부모가 잊었기 때문이다.

아빠 입장에서는 달팽이 한 마리가 뭐 그리 중요하냐고 생각할 수도 있겠지만 아이 입장에서는 참으로 중요하고 흥미진진한 일이다. 아이 입장에서 아이가 중요하게 생각하는 것에 함께 관심 갖는다면 자연스럽게 공부로 연결시킬 수 있다. 집에 와서 달팽이에 관한 책을 찾아보고 생각해본다면 학습동기가 높아져서 공부에 대한 열의가 더 올라갈 것이다.

세상을 향한 날갯짓

하지만 부모와의 갈등이나 거듭된 실패 경험 등으로 자존감이 훼손되고 무기력이 학습된 학생에게는 좀 더 적절한 대응이 필요하다.

학습 코칭 초기에 만났던 중1 한수가 지금도 가끔 생각난다. 한수의 아버지와 먼저 상담을 하게 되었는데 무엇이 고민 되냐고 물었다.

"네, 아이가 학교도 재미없어 하고 학원도 안 다닌다고 해서 얼마 전에 학원도 다 끊었어요."

"학원은 왜 안 다닌다고 그러던가요?"

"일단 학원수업 따라가는 것을 힘들어 합니다. 학교도 마찬가지구요. 애들하고도 사이가 안 좋아요. 애가 체격이 작아서 그런지 아이들한테 괴롭힘도 당하는 것 같구요. 사내자식이 참 문제가 많아요."

"아이는 어떻게 하겠다고 하던가요?"

"학원은 안 다니겠다는군요. 힘들다고요. 어떻게 해야 할지 고민입니다."

이렇게 부모님과 먼저 이야기를 나누고 그날 바로 아이도 만났다. 아이는 중학생답지 않은 작은 키에 똘망똘망한 모습이었는데, 전혀 예상 밖의 모습으로 나를 맞아주었다. 책상에 발을 올려놓고 게임을 하면서 나를 기다리고 있었던 것이다. 그동안 과외와 학원을 자주 바꾸다보니 새로 만나는 선생님에 대해서도 별 관심이 없는 것 같았다. 나는 아이에게 다가갔다.

“책상에 다리를 올리고 있네. 너 여기까지 올릴 수 있어?”

나는 좀 더 높은 곳을 가리키며 물었다. 아이는 다리를 올리려고 애쓰더니 다리를 내려놓으면서 말했다.

“여기까지만 올리고 있을게요.”

“그래, 그렇게 올리고 있다가 힘들면 내려놓아도 된다.”

나는 웃으면서 말했다.

“너는 키가 좀 작은 편이구나. 선생님도 학교 다닐 때 키가 작아서 엄청 고생했었다. 애들이 놀리기도 하고…… 넌 어때?”

“지금은 그렇게 작아 보이지 않는데…… 정말이세요?”

“그럼, 지금 너보다도 더 작았어. 애들은 그런 날 땅콩이라고 불렀고, 어떤 선생님은 귀엽다고까지 했다니까. 난 귀엽다는 말이 그때는 정말 싫었어.”

“네, 맞아요. 저도 그것 때문에 힘들어요.”

“공부는 어때? 아빠가 걱정 많이 하시던데.”

“좀 내버려두셨으면 좋겠어요.”

“선생님도 학생 때 아버지가 공부 땜에 엄청 혼내셨지. 공부 안 하면 잘못된다고. 꼭 좋은 대학에 가야 한다면서…… 공부 안 한다고 매 맞은 적도 있어.”

“아, 부모님들은 다들 그런가 봐요.”

“지금은 이해가 되는데 그땐 솔직히 이해를 못했어. 내가 미워서 그러는가 보다, 그런 생각도 했었으니까.”

“전 공부라는 게 아예 없어졌으면 좋겠어요. 솔직히 학교생활도 너무 힘들고요.”

아이는 여러 가지 이유로 학습에서 멀어져가고 있었다. 공부도 힘들고 아이들과 관계 맺는 것도 힘들다고 했다. 특히 외모에 대한 콤플렉스 때문에 자존감도 많이 낮아진 상태였다. 부모님의 기대치는 상당히 높은 편이고 거기에 부응하지 못하는 자신의 모습 때문에 많이 힘들다고 했다.

“아까 아빠랑 얘기를 나눠보니까 아빠가 공부에 신경을 많이 쓰시던데. 아빠랑 가끔은 대화를 하니?”

“아니요. 아빠랑 대화하는 거 싫어요. 아빠는 늘 제가 잘못한 거에 대해서만 말씀하시니까…….”

“나도 어렸을 때 아빠랑 대화가 거의 없었어. 일방적이었지. 공부 안한다고 매일 혼나기만 하고 한 번도 내 고민에 대해서 진지하게 들어주지 않으신 것 같아. 물론 지금은 이해가 되지만 그땐 정말 이해가 안 됐지.”

“도대체 어른들은 왜 그럴까요?”

“아마도 그건 여유가 없어서 그럴 거야. 어른들은 너무 바쁘거든. 책임감 때문에…… 가족을 지켜야 한다는 책임감 말이야. 순간 잘못 판단하거나 실수하면 가족들이 피해를 바로 입거든. 예를 들어 사기를 당하거나 하면 가족들이 금방 거리로 쫓겨날 수도 있고. 넌 아직 학생이고 경험이 없어서 얼른 이해가 되지 않을 수도 있지만 차차 알게 될 거야. 너도 이제 중학생이 되었으니 네 행동에 대해선 어느 정도 책임을 질 줄 알아야겠지?”

“그래도 저는 빨리 어른이 되었으면 좋겠어요. 공부를 안 해도 되고 시험도 안 보잖아요?”

“그래? 정말 그럴까? 혹시 어른들이 학생 때보다 더 많은 시험을 치고 공부도 더 많이 해야 한다는 사실을 알고 있니?”

“정말요? 전 이해가 안 되는데요?”

“그래, 그렇기도 하겠지. 하지만 사실이야. 또 학교에서는 시험 범위가 다 정해져 있지. 날짜도 미리 알려주고. 뭐가 나오는지도 문제집을 보면 다 알 수 있어. 그걸 여러 번 정리하고 풀어본다면 충분히 좋은 성적을 받을 수도 있지. 그런데 어른들의 세상은 말이야 그렇지 않아. 절대 미리 시험문제를 가르쳐주지도 않고 시험 날짜를 알려주는 법이 없어. 그게 세상이야, 진짜 세상.”

“한수가 음식점을 열었다고 생각해보자. 음식을 맛있게 만들기 위해서 끊임없이 연구해야 하고, 직원도 뽑아야 하고, 또 손님을 많이 끌어오기 위해 홍보도 해야 해. 그런 모든 것들을 모두 스스로 해야 하는데, 몇 번 실수라도 하는 날에는 음식점 문을 닫아야 하는 상황이 벌어질 수도 있지.”

“그게 시험이에요?”

“그렇지, 문제도 날짜도 알 수 없는 시험을 매일 치르는 게 진짜 세상이야. 그렇게 보면 학교는 진짜 세상이 아니라고 할 수 있어. 문제가 생겼을 때 선생님께 말씀드리면 어느 정도는 다 해결이 되잖아. 하지만 세상에서는 물어보기만 하는데도 돈이 든단다. 쉽게 가르쳐 주지도 않고. 하지만 네가 지금 하기 싫어하는 공부를 열심히 하면 세상에서의 진짜 시험을 좀 더 쉽게 헤쳐나갈 수 있지. 네가 지금 공부를 하는 것이 학교에 영원히 남기 위해서 하는 건 아니잖아?”

“그렇죠. 세상에 나가기 위해서죠.”

“맞아, 세상으로 나가기 위해서야. 어른이 되기 위해서 하는 거지. 준비를 착실하게 하지 않으면 많은 어려움이 닥칠 테니까.”

아이들은 세상을 경험해보지 못했기 때문에 미숙하다. 그러나 어린 새가 열심히 날갯짓을 연습하여 창공으로 날아가듯 아이들도 열심히 날갯짓을 배워 자신만의 힘으로 날아오를 것이다. 하지만 하늘을 날아보지 못한 새가 세상의 무서움을 모르듯 아이들은 지금 그런 상태이다. 자신의 문제가 제일 크고 중요하며 자기에게 주어진 숙제들이 무겁게 느껴지기만 한다.

“그래서 어른들이 그렇게 공부하라고 하는 거야. 그리고 적어도 날짜와 범위를 알려주는 시험은 누구나 준비만 잘한다면 어느 정도의 성과를 낼 수 있잖아. 나는 네가 그렇게 할 수 있도록 도울 거야. 괜찮지?"

"네, 그럼 앞으로 어떻게 하는 건가요?"

"공부를 잘하기 위해서는 공부 습관이 중요해. 특히 매일 조금씩 빠지지 않고 해나가는 것이 중요하지. 난 네가 그렇게 해나갈 수 있도록 도울 거야. 알았지?"

"네, 그럼, 다음 시간에 준비할 것을 알려주세요."

아이와 첫 만남은 이렇게 끝이 났다. 그리고 매주 아이와 힘들지만 즐거운 수업이 계속되었다. 코치는 첫 만남에서 아이를 파악하고 또 깊은 인상을 심어주는 것이 중요하다. 아이가 학습에 흥미를 느끼고 다시 공부를 해나갈 수 있도록 새로운 관점을 제시하여 공부 동기를 끌어내주어야 한다.

거꾸로 학습코칭 포인트

1. 아이들에게는 알고자하는 본능이 있다.

2. 아이가 관심 갖는 부분에 함께 눈을 맞춰주면 아이는 그것을 바탕으로 공부에 점점 더 관심을 기울이게 된다.

3. 무기력한 학생은 코칭 대화를 통해 새로운 관점을 제시하여 학습동기를 끌어내주어야 한다.

공부를 하는 이유

어떤 학부모가 직장을 마치고 집에 돌아와 보니 초등학교에 다니는 아이가 숙제는 하지 않고 게임을 하고 있었다. 직장 일을 마치고 피곤한 몸을 이끌고 집에 오자마자 그런 아이의 모습을 보니 짜증이 났다. 올라오는 화를 누르며 아이와 숙제에 대해 한 번 얘기해봐야겠다는 생각이 들었다.

"왜 숙제를 하지 않았느냐"고 물으니 아이는 "숙제가 너무 많아서 하기 싫고, 숙제를 왜 해야 하는지도 모르겠다"고 투덜거렸다. 아이의 숙제에 대한 생각에 엄마는 말이 다 나오지 않을 정도였다.

하지만 엄마는 '숙제는 당연히 해야 하는 것'이라고 말하는 대신 '왜 숙제를 해야 하는지'를 아이와 이야기하고 싶어졌다.

"엄마도 숙제가 있어."

"엄마가 무슨 숙제가 있어?"

엄마는 자신의 플래너를 보여주면서 아이에게 말했다.

"거래처에 서류를 정리해서 보내주고 그날 안으로 정리해야 할 것도 많아. 이런 게 다 숙제라고 할 수 있지. 어떤 숙제는 밤 12시가 넘어서 끝마치기도 하고. 네 숙제는 범위가 정해져 있지?"

"네, 정해져 있어요."

"그런데 어른들 숙제는 범위가 확실하지 않아. 그리고 어떻게 하느냐에 따라 결과가 달라지고. 숙제를 하지 않으면 어떻게 되지?"

"선생님께 혼나죠."

"그렇지. 하지만 어른들 숙제는 좀 달라. 숙제를 제때 하지 않으면 거래처와 더 이상 같이 일하지 못할 수도 있어. 사업을 오래하기도 어렵지. 너는 얼른 어른이 되고 싶겠지?"

"네, 어서 어른이 되고 싶어요."

"나이를 먹는다고 어른이 되는 건 아니야. 어른이 될 준비를 해야지. 학교 숙제는 어른이 되기 위해서 연습하는 거라고 생각해도 돼. 그러니 너는 너의 숙제를 열심히 해야 하고 엄마는 엄마의 숙제를 열심히 해야 하고."

아이는 가만히 엄마의 말을 듣고 있다가 아무 말 없이 자기 방으로 가서 숙제를 하는데, 참 신기했다며 경험담을 털어놓았다.

이처럼 숙제를 하지 않는다고 무조건 혼낼 것이 아니라 차분하게 아이와 대화하다 보면 아이 스스로 마음의 정리를 하고 공부에 몰두하게 되는 모습을 확인하게 될 것이다.

공부하는 이유와 목적은 스스로 찾아야 한다

저학년 때는 엄마가 시키는 대로 착실하게 공부를 잘하던 아이가 갑자기 "왜 공부해야 하는지 모르겠다"며 공부를 하지 않으려는 경우가 있다. 그리고 아동기를 넘어서 청소년기에 접어들면 열심히 하던 아이들도 '왜 공부를 해야 하는가?' 하는 의문을 품는 경우가 많이 있다.

따라서 학생이 성장하면서 '왜 공부해야 하는지'에 대해 나름대로 고민과 생각을 하도록 이끌어서 공부에 대한 분명한 생각을 갖도록 하는 것이 필요하다. 생각이 분명하지 않으면 공부라는 대장정에서 자칫 낙오하기 쉽다.

아이들은 매일 부모나 선생님으로부터 "공부하라", "공부를 안 하면 미래가 없다"는 식의 얘기를 수시로 듣고 있지만 크게 효과가 있는 것 같지는 않다. 중요한 것은 학생 스스로 공부하는 이유와 목적을 인식하고 느끼는 것이다. 수업 중이나 평소에 생각거리를 던져주어 학생 스스로가 공부의 필요성을 느끼는 것이 중요하다.

일반적으로 자존감이 높은 학생일수록 공부를 잘한다. 하지만 공부를 잘하는 학생이라고 해서 자존감이 높은 것은 아니다. 끊임없는 경쟁과 부모의 과도한 기대 때문에 스트레스를 받아 자존감이 낮은 학생들도 많다. 상위권에 있는 학생 가운데에도 공부가 재미없고 전혀 즐겁지 않다는 학생들이 있다. 내가 상담했던 K군은 성적이 최상위권이었다. 하지만 K는 어쩐 일인지 공부가 재미없고 짜증이 난다는 반응을 자주 보였다. "그렇게 싫은 공부를 왜 하느냐"고 물었더니 다음과 같이 대답하였다.

"좋은 대학을 가기 위해서요."

스스로 생각하기에도 적당한 대답이 아닌 것 같았는지 K는 겸연쩍은 표정을 지었다. 아울러 "왜 공부해야 하는지 깊이 생각해본 적이 없다"고 했다.

공부하는 이유와 목적은 스스로 찾아야만 한다. 대다수의 학생들이 오랜 시간 책상 앞에 앉아서 공부하고 있지만 정작 공부하는 이유를 스스로 생각해보고 정립하고 있는 학생은 거의 없다. 내가 지금까지 만난 대부분의 학생들은 '왜 공부해야 하는가'에 대해 10분 이상 고민해본 적이 없다고 대답하였다. 그것은 자신의 미래와 진로에 대한 고민도 그만큼 빈곤하다는 방증일 것이다. 이처럼 고민

없이 하는 공부는 의무적인 공부, 할 수 없이 하는 공부가 되고 만다. 이렇게 되면 공부가 참기 힘든 고된 노동이 되고 만다.

'너, 지금 공부 안 하면 나중에 후회한다'라고 말하기보다 '공부를 왜 해야 하는지 생각해보고 1주일 후에 나한테 얘기해줄 수 있겠니?' 등으로 스스로 공부의 이유를 생각하도록 이끄는 것이 필요하다.

자신과 대화하기

우현이는 중학교 2학년에 다니는 평범한 학생이다. 초등학교 때까지는 그런대로 공부를 하는 것 같았는데 중학교에 들어오면서 공부에 흥미를 잃고 중하위권을 맴도는가 싶더니 하위권에 차분하게 안착하였다.

물론 엄마의 걱정이 이만저만이 아니다. 학원도 과외도 보내봤지만 효과를 거두지 못했을 뿐만 아니라, 이제는 공부에 대한 의욕을 잃어버려 학원도 다니지 않고 있다. 설상가상으로 요즘엔 학교도 가기 싫다며 아침이면 늑장을 부려 엄마와 한바탕 전쟁을 치르기 일쑤다. 이를 보다 못한 엄마는 전문기관에서 상담 치료도 해보았지만 반응은 영 신통치 않다.

우현이는 집에 오면 바로 자기 방에 틀어박혀 인터넷 게임으로 시간을 보낸다. 자연히 엄마와 다투는 시간이 많아졌다. 그러다 보니 성격까지 삐뚤어져서 반항적으로 나와 엄마도 감당하기가 벅찰 정도가 되었다. 어쩌다 모자 사이가 이렇게 되었는지, 어디서부터 문제를 해결해야 할지 엄마는 난감하기만 하다.

길을 찾던 우현이 엄마는 내게 연락을 하였고, 우현이와 상담이 시작되었다. 하위권 학생들이 흔히 그렇듯이 우현이는 꿈도 없고 자존감도 형편없이 낮은 상태였다. 자신을 필요 없는 존재라 생각하는 부정적인 의식이 마음속 깊이 자리잡고 있었다. 꿈이 있고 자존감이 높은 학생은 매사에 적극적이고 공부 의욕이 높다. 먼저 꿈을 가지고 자신과 자신의 미래를 긍정적으로 볼 수 있도록 도와주는 것이 필요하였다. 그래야 행복한 마음으로 책상 앞에 앉을 것이기 때문이다.

"너, 사실 공부 잘하고 싶지? 근데 맘같이 잘 안 돼서 답답하지?"

"네……."

"너무 걱정하지 마. 나도 학교 다닐 때 자주 그랬으니까. 그땐 부모님의 잔소리가 정말 듣기 싫었지. 공부를 왜 해야 하는지도 모르겠고. 그래서 한동안 공부도 멀리하고 방황도 많이 했어. 지금 생각해보면 나한테 꿈이 없어서 그랬던 거 같아. 그러면서 괜히 부모님만 원망했으니."

“…….” 우현이는 잠자코 듣기만 한다.

“공부는 나중에 하고 우선 너 자신에 대해 좀 생각해볼까? 너의 꿈과 소망, 하고 싶고 가보고 싶고 해보고 싶은 것, 그런 것들 말이야. 그렇게 너 자신에 대해 알아가다 보면 공부해야 할 이유도 하나둘 생길 거야. 그렇게 공부하다 보면 지금은 없는 네 꿈도 생길 테고……. 그러니 천천히 하나둘씩 생각해보자.”

이렇게 말하며 공부를 지금부터 차근차근 하다 보면 잘할 수 있다고 설명하며 위로해주었다. 그리고 우현이 어머니에게도 “안 돼, 왜, 하지 마”와 같은 부정적 의미가 담긴 말과 “숙제해, 일어나, 공부해”와 같은 명령조의 말을 사용하지 말 것을 권유 드렸다. 우현이 어머니는 나의 권유에 좀 당황해 하셨지만 노력해보겠다고 약속하였다.

나는 먼저 우현이가 자신감을 가지고 자신을 바라볼 수 있도록 동기 프로그램을 진행하였다. 그리고 우현이가 부족한 읽기 능력 향상을 위해 슬로리딩 연습을 진행하였다. 그렇게 몇 주가 지나자 우현이는 공부에 집중하는 시간이 늘어났다. 우현이는 매일 공부할 분량을 정해서 그것만큼은 꼭 하기 위해 책상 앞에 앉았다. 어머니도 우현이가 다시 책상 앞에 앉아 책을 읽는 모습을 보며 안도했다.

공부에 흥미를 잃은 아이에게 왜 공부하지 않느냐고 다그치면 아이는 더 엇나가기 마련이다. 그럴 때 일수록 자신과의 대화를 통해 목표와 진로에 대해 생각해보고 자신의 꿈을 향해 나아갈 수 있도록 이끌어주어야 한다.

거꾸로 학습코칭 포인트 

1. 숙제를 의무감으로 시키기보다 그것이 어떤 의미를 갖는지 잘 설명해 주어야 한다.

2. 공부를 하는 이유와 목적을 주입하려 하지 말고, 적절한 대화를 통해 스스로 의미를 찾을 수 있도록 도와주어야 한다.

큰 그림

하버드 대학에서 낙제하는 동양인 학생 열 명 중 아홉 명이 한국계라고 한다. 또 예일 등 미국 명문대에서 한국인 학생의 40% 정도가 중도에 학업을 포기한다는 조사 자료도 있다. 그 이유를 알기 위해 하버드교육위원회는 오랜 기간 조사하고 연구했는데, 그들이 내린 결론이 다소 충격스럽다.

"이 학생들은 장기적인 인생 목표가 없었다."

이들의 목표는 하버드 대학에 입학하는 것 자체였기 때문에 목표를 이룬 순간 방향을 상실하고 삶의 의미 또한 잃어버렸던 것이다.

대학에 진학한 많은 학생들이 적성에 맞지 않는 학과 때문에 어렵게 입학한 대학에서 공부에 열중하지 못하고 고민하고 방황한다. 자신의 인생 전체를 놓고 좀 더 큰 그림을 그리며 진학을 준비하지 않았기 때문이다. 따라서 어려서부터 꿈과 목표를 갖고 인생을 바라볼 수 있도록 도와주어야 한다.

'꿈을 가지라'는 말은 아이들에게 막연하게 들릴 것이다. 그래서 아이들이 꿈에 대해서 제대로 생각하고 찾아나갈 수 있도록 여러 가지 사례를 들어 구체적으로 설명해주는 것이 좋다.

목표가 있으면 인생에 의미가 생기고 삶에 질서가 생긴다

오 헨리의 단편소설 〈마지막 잎새〉를 보면 뉴욕 그리니치빌리지의 한 아파트에서 심한 폐렴에 걸려서 사경을 헤매는 무명화가 존시가 등장한다. 존시는 삶에 대한 희망을 잃고 친구인 주(sue)의 격려에도 아랑곳없이 창문 너머로 보이는 담쟁이덩굴 잎이 다 떨어질 때 자기의 생명도 끝난다고 생각한다. 그 이야기를 들은 아래층에 사는 베어먼이라는 친절한 노화가(老畫家)가 심한 비바람에도 견딜 수 있는 나뭇잎 하나를 벽에 그려 넣어 존시에게 삶에 대한 희망을 준다. 존시는 이를 계기로 자신의 잘못을 깨닫고 "죽기를 원하는 것은 죄악이야, 언니가 요리하는 것을 보겠어"라고 말하며 삶의 의지를 다시 일으켜 세운다. 이 소설에서 볼 수 있듯이 사람의 마음속에 희망이 사라질 때 인간은 무기력해지고 나태해진다.

흔히 무기력이나 방황 때문에 지난 삶의 일부분을 지우고 싶다는 사람들이 있다. 이들의 지난날의 어둠은 어디서 비롯된 것일까? 삶의 무기력은 목표 없는 인생에 자연스럽게 따라붙는 부속품과 같다. 목표가 없으면 일상은 무너지고 결국에는 나의 삶을 무너뜨린다.

목표가 있으면 인생에 의미가 생기고 삶에 질서가 생긴다. 사람들이 말하는 행복이란 목표의 달성에서 오는 것이 아니라 그 목표를 달성하는 과정에서 느끼는 것이다. 목표가 정해지면 그것을 이루는 방법과 계획은 자연스럽게 따라오게 되어 있다. 따라서 학습 코치는 아이가 꿈과 목표를 가슴속에 품을 수 있도록 이끌어주어야 한다.

나는 꿈을 이룬 사람의 대명사인 존 고다드나 우주에 흔적을 남기려는 열망을 가졌던 스티브 잡스, 모든 사정에 컴퓨터를 보급하겠다는 목표를 가졌던 빌 게이츠, 하늘을 날고 싶은 열망에 비행기를 만든 라이트 형제 등의 예를 들어가며 아이들 내면에 잠재된 꿈의 가능성을 흔들어 깨우고 아이들에게 '꿈 목록'이나 '꿈 지도'를 적어보게 한다.

꿈의 목록을 적어가다 보면 자신이 무엇을 원하는지 좀 더 분명하게 알게 되고 그 꿈을 매일 바라보면서 좀 더 적극적인 노력을 하게 된다. 또 꿈이란 단순히 직업을 말하는 것이 아니라 내가 하고 싶은 것, 이루고 싶은 것, 경험해보고 싶은 것들이 다 꿈이 될 수 있음을 알게 된다.

그래서 아이들에게 필기구와 백지를 주고 꿈을 적어보게 하는 것이 중요하다. 그리고 수업을 하는 중에 꿈에 관해서 얘기한다거나 학습 내용과 꿈의 연관성 등을 얘기하면 학습에 대한 집중도가 올라가는 것을 확인할 수 있다.

또 주변에서 만날 수 있는 예화를 자주 들려주어 학습동기가 떨어지지 않도록 해주는 것도 중요하다. 아이들에게 꿈과 관련된 수업을 할 때는 한 번의 수업으로 끝마칠 것이 아니라 여러 번에 걸쳐 질문을 해주고 꿈의 내용이 변하지는 않았는지, 또 궁금한 것이 생기지는 않았는지 확인하며 얘기를 나누는 것이 좋다.

한 사람의 목숨을 살릴 수 있다면?

스티브 잡스는 매킨토시의 부팅 시간이 너무 길다는 생각에 매킨토시 운영체제 개발을 담당하고 있던 엔지니어 래리 케니언을 찾아간다. 잡스는 그에게 부팅 시간을 좀 줄일 수 없겠느냐고 물었다.

케니언이 부팅 시간을 줄이기 어려운 이유를 설명하기 시작하자, 잡스는 그의 말을 멈추게 한 후 다음처럼 말했다.

"만약 그걸로 한 사람의 목숨을 살릴 수 있다면 부팅 시간을 10초 줄일 방법을 찾아볼 의향이 있나요?"

잡스의 말이 끝나자 케니언은 "한번 해보죠"라고 대답했다. 잡스는 "만약 맥 사용자가 500만 명인데 이들이 컴퓨터 부팅에 매일 10초를 덜 사용하게 된다면 그들이 절약할 수 있는 시간은 연간 3억 분에 달하며, 그것은 100명의 사람의 일생에 해당하는 시간"이라며 케니언을 쳐다보며 말했다. 잡스의 이야기에 깊이 공감한 케니언은 몇 주 후에 부팅 시간을 28초나 앞당겨 놓았다.

만약 잡스가 다그치며 몇 주 안으로 부팅 시간을 무조건 10초 이상 줄이라고 했다면 어땠을까, 케니언이 그렇게 할 수 있었을까?

잡스는 큰 그림을 보여주며 동기를 부여하는 능력이 있었다. 잡스에게는 가능한 한 가장 위대한 일을 하는 것, 그리고 거기서 한 발자국 더 나아가는 것이 목표였기 때문이다.

잡스를 아는 사람들은 그가 대체로 오만하고 무례하다고 평가한다. 독선적이며 불같은 성격 때문에 같이 일했던 사람들은 매우 힘들었다고 한다. 그리고 늘 완벽을 요구하는 그의 성격은 직원들을 지치게 하기도 하였다. 그럼에도 사람들은 잡스와 일하기를 원했다. 그가 직장을 옮길 때마다 따라 나선 사람도 있었다.

애플 · 넥스트 · 픽사에서 함께 일했던 앤디 커닝햄은 "스티브 잡스와 일한 5년의 시간은 내 생애 가장 경이로운 경험이었다. 잡스는 내가 생각했던 한계보다 훨씬 멀리 나를 데려갔다"라고 말하며 세상 무엇과도 바꾸지 않을 경험이라고 했다.

이렇게 아이들에게 공부해야 하는 이유와 공부의 가치를 좀 더 큰 그림을 보여주면서 설명하는 것이 중요하다. 그렇게 되면 아이들은 이제까지 생각하지 못했던 자기 인생의 큰 그림을 보게 되고 도전하는 마음을 가지게 될 것이다.

꿈을 갖는 방법과 꿈의 종류를 아는 것 그리고 각 단계마다 꿈을 꾸는 방법을 아이들은 알아야 한다. 또한 아이들이 꾸는 꿈은 자기 자신만의 꿈이어야 한다. 주입식 공부보다 더 나쁜 것이 꿈을 주입시키는 것이다. 주입된 꿈은 자기의 꿈이 아니므로 최선을 다할 수가 없다. 학습에서도 자기가 주인 노릇을 못하면 공부를 열심히 할 수 없는 것은 당연한 일이다.

거꾸로 학습코칭 포인트 

1. 목표가 있으면 삶에 질서가 생긴다. 작은 목표라도 아이들이 자신만의 목표를 세울 수 있도록 안내한다.

2. 아이에게 큰 그림을 그리게 하며 동기를 끌어내주어야 한다.

가상의 시나리오

포부와 비전 그리고 전략 이 3가지가 가장 중요하다.
내가 무엇을 하겠다고 결심하는 것, 미래를 내다보는 눈,
어떻게 적절하게 전략을 짜야 하는지도 중요하다.
이 3가지가 조화가 잘 이루어졌을 때 가장 멋지게 성공할 수 있다.

— 손정의(孫正義)

꿈과 목표를 달성하기 위해서는 많은 시간과 노력이 필요하다. 그런데 흔히 "꿈을 이루기 위해서는 꿈과 목표를 정하고 그것이 이루어졌다고 열심히 상상하라"고 조언한다. "목표를 간절히 생각하면 이루어진다"고 말하는 사람도 많고 그렇게 믿는 사람도 많다.

자기계발 강사 중에서도 "간절하게 상상하면 꿈이 이뤄진다"고 강조하는 걸 종종 보게 된다. 물론 아주 틀린 말은 아니다. 하지만 그렇게 열심히 이미지를 그리며 심상화한 사람이 그렇게 하지 않은 사람보다도 그것을 이뤄낼 확률이 더 줄어든다는 연구 결과가 있어

주목할 필요가 있다.

간절하게 상상하면 꿈이 이루어진다?

심리학자 리엔 팜(Lien Pham) 교수는 한 집단의 대학생들에게 며칠 뒤 치를 "중간고사에서 높은 점수를 받는 장면을 매일 몇 분씩 간절하고 생생하게 상상하라"고 했고, 그런 요청을 하지 않은 대조 집단과 비교했다.

결과는 어떻게 되었을까? 예상과 달리 '높은 점수 받는 것을 간절하게 상상'했던 학생들이 그렇지 않은 학생들보다 공부 시간도 적었고 성적도 떨어진 것으로 나타났다.

펜실베니아 대학의 가브리엘레 외팅겐(Gabriele Oettingen) 교수는 살 빼기 프로그램에 참여한 여성들을 대상으로 살 빼기에 성공한 날씬한 자신의 모습을 상상하도록 한 그룹과 그렇지 않은 그룹을 비교했다.

이들을 1년 동안 추적한 결과, 뜻밖에도 열심히 상상하지 않은 그룹이 열심히 상상한 그룹에 비해 체중을 평균 12킬로그램이나 더 감량한 것으로 나타났다. 열심히 상상한 그룹에는 오히려 체중이 불어난 사람도 있었다. 외팅겐은 또 다른 연구로 2년 동안 대학생들을 추적해보니 취업에 성공한 자신의 모습을 자주 상상했던 학생들이 그렇지 않은 학생들에 비해 취업률이 더 낮았고 보수도 더 적었다는 사실을 확인했다.

"간절하게 상상하면 반드시 이뤄진다"는 말을 자주 들어본 분들께는 다소 당혹스런 내용이 될 수도 있을 것 같다. 하지만 왜 이런 결과가 나왔는지 좀 더 생각해보면 답을 쉽게 찾을 수 있다.

이들이 실수한 것은 목표만을 간절히 상상하고 그것을 이루는 과정에 대해서는 구체적으로 생각하지 않았기 때문이다. 과정이 충실하지 못하니 그 일을 이뤄가는 과정에서 생기는 돌발변수에도 대처가 어렵고, 그러다 보니 좋은 결과 또한 나올 수 없었던 것이다.

과정 없이 이뤄지는 결과는 없으므로 자신의 목표를 언제, 어디서, 어떻게 이뤄나갈지 구체적으로 생각하는 것이 중요하다. 과정을 구체적으로 그려볼수록 결과에 대한 이미지도 선명하게 그려진다.

실행력을 높이는 방법, 가상 시나리오

목표를 달성하기 위해서는 두 가지의 동기가 필요한데 하나는 결과를 향한 '시작 동기'이고, 다른 하나는 그 목표를 달성해가는 과정에서 필요한 '유지 동기'이다. 시작 동기가 아무리 강해도 과정에서 필요한 유지 동기가 없다면 목표한 바를 이룰 수 없다. 따라서 일단 목표를 정하면 그것을 달성하기 위한 과정 중심의 사고를 해야 한다. 많은 학생들이 목표만 정하고 그에 상응하는 과정을 실천하지 않는 모습을 볼 수 있다.

이 분야의 세계적인 권위자인 골비처(Peter Gollwitzer) 교수는 성공 가능성을 높이거나 낮추는 요소들을 검토하면서 목표 달성의 가능성을 높이는 방법을 발견했다. 그는 실천을 '의사결정 전', '행동 전', '행동', '행동 후'의 네 단계로 나누고, 현실적으로 가장 어려운 단계가 '행동 전' 단계에서 '행동' 단계로 옮겨가는 것임을 확인하였다.

물론 이것은 많은 사람들이 경험상 알고 있는 사실이다. 공부를 하려고 계획은 세웠지만 막상 공부를 시작하기까지 많은 시간이 걸리는 사람이 있는가 하면, 계획을 세우고 바로 공부에 집중하는 학생도 있다. 바로 실행력의 차이 때문이다.

그래서 그는 이 단계를 어떻게 효과적으로 이어갈 수 있는지를 연구했고, 마침내 '어떤 상황에서 목표와 관련된 어떠한 행동을 할 것'이라는 '가상의 시나리오'를 미리 적어보는 것이 실천에 매우 효과적인 방법이라는 것을 알아냈다.

예를 들어 학교가 끝난 후 집에 가서 영어 교과서를 읽는 것이 오늘 학생이 원하는 행동이라면, 계획단계에서 '손을 씻고 책상 앞에 앉으면 가장 먼저 영어 교과서를 펴고, 3과를 2번 소리 내어 읽는다'라고 적는 것이다. 골비처 교수는 실험 결과 실행 의도가 담긴 가상의 시나리오를 적어보는 것만으로도 실천 가능성이 훨씬 높아진다는 것을 확인할 수 있었다.

또한 대학생들을 대상으로 크리스마스 휴가기간에 끝내고 싶은 프로젝트 하나를 정하게 하고, 두 그룹으로 나누어 실험을 해보았다. 한 그룹은 언제, 어디서, 어떻게 그 행동을 할지 구체적인 과정을 생각하게 했고, 다른 한 그룹은 그 과정을 거치지 않았다.

일주일 후 달성 결과를 비교해 보니 언제, 어디서, 어떻게 과제를 할 것인지 구체적 과정을 생각한 학생들은 82%가 프로젝트에 성공했고, 그렇지 않고 목표만 정했던 학생들은 28%만이 프로젝트를 달성했다. 이런 실험을 통해 알 수 있는 것은 과정을 생생하게 그려보면 목표 달성 가능성이 훨씬 높아진다는 것이다.

따라서 코치는 학생이 목표를 정했을 때 그것을 이루기 위해 구체적으로 '실천'하도록 도와야 한다. 목표를 이루는 과정에 대해 구체적으로 생각하고 적어 보게 한다면 목표를 달성할 가능성이 높아질 것이다. 반약 그러지 않고 목표를 정하는 것에 그친다면 목표를 달성하지 못할 가능성이 높아질 것이다. 이것이 반복되어 실패 경험이 쌓이게 되면 동기를 강화하는 데 어려움을 겪을 수 있다.

그리고 목표를 세우거나 결과를 평가할 때에 남과 비교하지 않는 것이 좋다. 남과 비교하는 삶은 불행으로 가는 지름길이다. 비교를 하려면 과거의 자신이나 어제의 자신 또는 미래의 자신과 비교하는 것이 좋다. 과거와 비해서 자신이 얼마나 성장하고 있는지 비교해보고 이를 근거로 목표를 정한다면 지치지도 않고 슬럼프에 잘 빠지지도 않을 것이다.

거꾸로 학습코칭 포인트 

1. 목표를 세우고 나서 과정 중심의 구체적인 상상을 하면 목표 달성이 훨씬 쉬워진다.

2. 가상의 시나리오 등으로 실천 과정을 직접 적어보면 실행력이 높아진다.

느낌과 통제권

자기주도학습에서 중요한 것은 학생이 주도한다는 '믿음' 혹은 '느낌'이다. 생각하고 행동하는 일의 주도권을 부모나 어른이 행사하면 학생은 적극적으로 행동하려 하지 않는다.

미국의 힌 대학에서 요양원의 노인들을 대상으로 실험을 하였다. 노인들은 세 그룹으로 나누어, A그룹 노인들에게는 6개월 동안 화초를 자신의 뜻대로 직접 돌보도록 하였고, B그룹의 노인들에게는 같은 기간 직원을 투입하여 화초를 돌보도록 했다. 그리고 C그룹 노인들은 3개월 동안은 자신의 뜻대로 화초를 가꾸게 한 뒤 나머지 3개월은 직원들로 하여금 화초를 가꾸도록 하였다.

그로부터 6개월 후, 요양원에 찾아간 심리학자들은 각 그룹의 사망률에 큰 차이가 있는 것을 확인하였다. 화초를 직접 통제한 A그룹보다 무력하게 바라만 본 B그룹 노인의 사망률이 두 배였고, 처음에는 통제권이 있었지만 나중에 통제권을 빼앗긴 C그룹은 A그룹보다 사망률이 3배가량 높았다고 한다. 통제권을 가진 그룹이 그렇지 않은 그룹보다 훨씬 더 건강한 생활을 한 것이다. 그런데 A그룹, C그룹의 화초도 노인들 모르게 직원들이 따로 화초를 관리했다고 하니, 세 그룹 모두 직원들이 직접 관리한 셈이다.

연구팀은 이 연구를 통해 사람에게 중요한 것은 '실제로 통제권이 있느냐 없느냐'가 아니라 '자신에게 통제권이 있다고 믿느냐 없다고 믿느냐'라는 것을 밝혔다. 사람은 자신의 목소리가 영향력이 있다고 믿을 때 만족감을 느끼는 것이다.

통제감은 행복감의 중요 요소

심리학자들은 '통제감'이 행복감의 중요한 요소 중 하나임을 지적한다. 통제력 행사의 여부와 상관없이, 통제한다는 느낌을 갖는 것 자체가 인간에게 큰 만족감과 동기부여를 한다고 한다. 또한 스스로 어떤 영향력을 행사한다는 느낌을 갖는 것은 자신이 유능하다는 확신으로 이어지고 이는 구체적인 성과로 이어지게 한다. 반대로 스스로 영향력을 행사하지 못하는 것은 무력감으로 이어진다.

세계적인 심리학자 대니얼 길버트는 "통제감은 인간의 뇌가 자연스럽게 원하는 기본적인 욕구 중 가장 중요한 것"이라고 말한다. 살아가는 동안 어느 한 시점에서 통제력을 상실하면 인간은 스스로 불행하다고 느끼고, 무력해지며, 희망도 잃어버리게 되고, 결국에는 우울한 상태에 빠진다고 한다. 심지어는 이런 이유 때문에 자살을 선택하기도 한다는 것이다.

그렇다면 우리 아이들의 현실은 어떠한가. 우리 아이들은 가정과 학교에서 자신의 행동에 대하여 통제권을 행사하고 있는가? 혹은 통제권을 행사하고 있다고 믿고 있는가? 불행하게도 그렇지 못하다. 우리 아이들은 자신의 인생을 좌우하는 학습권에 대해서 통제권을 거의 갖지 못하고 있는 것이 엄연한 현실이다. 그러니 행복한 공부가 되기엔 거리가 너무 멀다고 할 수 있다.

학습의 주도권을 아이에게

재훈이는 초등학교 5학년이다. 공부를 아주 잘하는 편은 아니지만 수학과 과학에 흥미가 많고 성적도 잘 나오는 편이어서 재훈이 부모님은 아이가 과학고에 진학했으면 하는 바람을 갖고 있다. 직장에 다니고 있는 재훈이 엄마는 재훈이가 학교 끝날 시간이면 전화를 하여 학원이며 숙제를 일일이 챙긴다.

"제일 힘든 게 뭐니?"

재훈이에게 물으니 재훈이는 바로 "엄마의 잔소리요"라고 대답한다.

"엄마가 많이 간섭하셔? 공부 때문에 스트레스 많이 받는구나?"

"네, 완전 많이 받아요. 자꾸 전화로 확인을 하니까 짜증나요."

"재훈이가 알아서 할 수 있는데 엄마가 안 믿어주시니까 짜증도 나고 섭섭하기도 한 모양이구나?"

"네, 저도 알아서 잘할 수 있거든요."

"그럼, 이렇게 해보는 건 어떨까? 엄마의 잔소리를 줄일 수 있는 좋은 방법이 있는데……."

"정말 그런 게 있어요?"

눈을 똥그랗게 뜨고 쳐다보는 눈빛이 어서 빨리 말해보라고 재촉하는 것 같다.

"엄마는 직장생활을 하니까 재훈이가 혼자서 잘하고 있는지 걱정이 되는 거야. 학원은 잘 다녀왔는지, 숙제는 잘하고 있는지……. 그래서 자꾸 전화를 하는 거거든. 그러니까 엄마가 걱정하지 않도록 하면 돼."

"그게 가능할까요?"

거꾸로 학습코칭

“응, 물론이지. 우선 내일부터 네가 할 일을 가르쳐줄게. 대신 그대로 해야 한다.”

“네, 그렇게 해볼게요.”

“이건 일주일 정도 지나면 효과가 나타나니까 다음주에 선생님이 왔을 때는 집안에 웃음이 피게 될지도 몰라. 자, 잘 들어.”

“내일부터는 엄마와 너의 역할을 바꾸는 거야. 그러니까 학교를 마치면 바로 엄마한테 전화를 해서 학원에 간다고 말씀드려. 학원에 갔다 와서 한 번 더 전화하고. 숙제를 마치면 이제 숙제 마치고 자유 시간 가질 거라고 말씀 드려. 그러면 엄마가 확인 전화 같은 건 안 하실 거야.”

“선생님 그렇게 해야 해요? 쉽지는 않겠지만 내일부터 해볼게요.”

“그리고 한 가지 더. 아마 엄마가 갑자기 변한 네 모습에 놀랄지도 모르니까 엄마가 집에 오시면 ‘이제 절 믿어주세요’라고 말해. 그러면 놀라시면서도 네가 잘해나가는지 지켜보실 거고 네가 만약 진짜 잘해나간다면 엄마는 널 믿고 자유도 더 많이 주실 거야. 알았지? 그 대신 네 말에 스스로 책임지는 모습을 보이는 거 잊지 말고.”

‘아이가 학원에는 잘 갔을까’라고 생각하고 있는데 아이에게서 전화가 왔고, ‘숙제는 잘 하고 있을까’라고 궁금해 하고 있는데 아이에게서 전화가 오자 엄마는 매우 놀랐고, 아이의 행동 변화에 흥분하며 도대체 어떻게 하셨냐며 궁금해 했다. 단지 30분 정도 상담하고 돌아갔을 뿐인데 아이가 변했다며 아버지까지 난리다. 나는 "지금부터가 더 중요하다"고 말씀드렸다. "아이를 믿고 조심스런 관찰자가 되어 아이를 지켜보고, 아이에게 더 자주 사랑을 표현하고, 함께 운동 같은 것을 자주 하라"고 조언해주었다.

그리고 재훈이에게는 그 다음 단계로 매일 수업한 내용을 복습하도록 코칭하였다. 그렇게 매일 복습을 병행하다 보니 공부에 재미를 붙인 재훈이는 중간고사에서 좋은 성적을 얻겠다고 의지를 불태웠고 성적도 기대가 되었다. 시험이 끝나고 재훈이를 만났다.

"어때, 시험은 잘 봤니? 만족스러워?"

"네, 전부 합쳐서 세 개 틀렸어요."

"오, 그래. 정말 잘했네. 꾸준히 공부한 효과가 있구나."

"네, 저도 좋아요. 근데 시험 보기 전 3일 동안은 엄마가 하루에 한 시간씩 봐주셨어요."

"그래? 혼자 힘으로 다하려고 했는데 막판에 엄마가 도와주셔서 자존심이 상했구나. 하지만 그 정도라면 네가 혼자서 한 거나 마찬가지야. 앞으로도 이걸 잘 지켜나가야 해. 자! 하이파이브!"

아이들은 이렇게 혼자 힘으로 해내고 싶어 한다. 아이의 내면에 자기주도적인 삶을 살려는 의지가 강력하니 엄마들은 그걸 의심할 필요가 없다. '어떻게 그 힘이 잘 발현될 수 있도록 도와줄 수 있을까' 하는 것만 고민하면 된다.

"엄마, 내가 할래요."

어렸을 때 아이들이 엄마에게 많이 하는 말이다. 이처럼 아이들은 주도적이 되고 싶어 한다. 그러던 아이가 커가면서 점점 무기력해져 간다.

"넌, 지금 문법이 약하니까 이 학원 다니는 게 좋겠어." "네, 알았어요." "성적이 많이 떨어졌어. 그 학원은 이제 안 돼." "네, 알았어요." …….

공부에서 통제권과 주도권을 행사하지 못하는 아이들은 학습에서 무력감을 느낄 수밖에 없다. 또 자기가 주도적으로 하지 않았기 때문에 책임감도 느끼지 못한다. 자연히 나를 위한 공부가 아니라 부모를 위한 공부가 되고 마는 것이다. 자기는 엄마가 하라는 대로 했을 뿐이니 잘못돼도 엄마 책임이라는 식이다.

따라서 아이의 변화된 모습을 기대한다면 가장 시급하고 중요한 것은 아이에게 적절한 통제권을 주어 공부에 대해 스스로 통제하고 주도적이라는 느낌을 갖게 하는 것이다.

거꾸로 학습코칭 포인트 

1. 통제감은 인간의 뇌가 원하는 기본적인 욕구 중 가장 중요한 것이다.

2. 공부에서 주도적이거나 통제한다는 느낌을 갖지 못한 아이는 학습에 능동적이지 못하다.

3. 단계별로 적절한 통제권을 갖도록 배려해야 한다.

내부의 힘

변화를 갈망하는 욕구가 험난한 가시밭길을 다지고 내 마음을 개척한다.

– 마야 안젤루

이번 중간고사를 잘 보면 진수가 원하는 휴대폰을 사주겠다고 엄마가 먼저 제안해 오셨다. 진수는 속으로 기뻤다.

'아~, 내가 갖고 싶어 하던 휴대폰 얻을 수 있다니……'

하지만 진수는 마음 한 구석에 어두운 그림자가 드리워짐을 느꼈다. 엄마가 제안하신 성적을 얻기가 쉽지 않을 것 같았기 때문이다. 시험이 다가올수록 부담감은 커져갔다. 고민하던 진수가 나에게 부탁을 해왔다.

"저 선생님, 엄마한테 말씀 좀 해주세요. 그런 조건 안 거셔도 된다고……. 엄마가 휴대폰 사주신다고 하셔서 좋긴 한데 아무래도 제 실력으론 힘들 것 같아요. 너무 갖고 싶긴 한데…… 부담이 많이 돼요. 걱정 때문에 집중도 안 되고요. 핸드폰이 아니라도 저도 첫 시험이라서 잘하고 싶거든요…….”

어렵게 말을 이어가는 진수의 얼굴에 근심이 가득하다.

모든 아이들은 시험에서 좋은 성적을 받고 싶어 한다. 공부를 못하고 싶은 아이가 어디 있을까? 그리고 공부 잘하는 학생들이 부러운 것도 사실이다. 다만 생각만큼 공부와 시험에 자신이 없기 때문에 의욕이 잘 생기지 않는 것이다. 부자가 되고 싶지 않은 사람이 얼마나 있겠는가? 하지만 생각만큼 결과가 나오지 않아 걱정하는 어른들의 마음과 공부 때문에 걱정하는 아이의 마음은 다르지 않다고 생각한다.

외재적 동기와 내재적 동기

2010년 남아공 월드컵에서 한국 축구 선수들이 사상 첫 원정 16강 진출의 위업을 이루었다. 경기 전 인터뷰에서 “선수들의 마음속에 한국의 흔적을 남기려는 열망이 강하다”고 허정무 감독은 말했다. 게임에서 ‘한국의 흔적을 남기려는 그 열망’을 내재적 동기라고 할 수 있고, ‘16강 달성에 따른 성과급 지급’은 외재적 동기라고 볼 수 있다. 둘 다 적극적인 행동을 끌어내는 동기이긴 하지만 장기적으로 내재적 동기가 일어나야 지치지 않고 어려움을 만나도 이겨내며 좋은 결과를 만들어낼 수 있다.

시험 성적에 대한 외적 보상을 제시하면 다음번에는 더 큰 보상을 제시해야 하고, 보상을 멈추면 아이들은 더 이상 노력하려고 하지 않게 된다. 따라서 학년이 올라가면서는 그러한 방법은 자제하는 것이 좋다. 이러한 보상 방법이 안 좋은 또 다른 이유는 아이에게서 공부하는 재미를 빼앗아가기 때문이다. 공부하는 과정에서 얻게 되는 앎의 기쁨, 문제를 해결하는 과정에서 느끼는 쾌감을 느낄 수가 없게 된다.

공부를 통해서 자연스럽게 즐거움이란 보상을 얻게 되면 아이는 또다시 공부하게 된다. 그리고 그 보상은 외부에서 주어지는 것이 아니라 자기 내부에서 자신의 노력으로 받는 것이므로 보람도 크고 자존감도 올라가게 된다.

부모들은 조급한 마음에 아이들을 외적 보상 시스템으로 길들이려고 한다. 그렇게 되면 아이는 그것에 길들여지게 되고 혹시 보상을 받지 못할까 하는 걱정에 공부에 집중하지 못하는 경우도 생긴다. 부모들은 이러한 자녀의 심리를 잘 헤아려 작은 성취나마 스스로의 힘으로 얻게 도와줘야 한다.

과도한 학습량은 학습동기를 떨어뜨린다

영 · 수 학원에 다니는 중3 현식이는 새 학기를 맞아 분주하다. 목표로 하는 학교가 명문 고등학교라서 조금도 방심할 수 없기 때문에 현식이의 마음은 여유가 없다. 현식이는 학교와 학원에서 내주는 숙제를 하다 보면 시간이 언제나 부족하다고 힘들어 한다. 그래서 집에서는 숙제만 하면서 보내기 십상이다. 그런 현식이를 바라보는 엄마의 마음은 답답하기만 하다. 아이가 계획성도 없는 것 같고, 공부를 한다고는 하는데 집중하지 못하고 있는 것 같기 때문이다.

나는 현식이에게 숙제하기가 어떤가 물었다.

"숙제하고 나면 하루가 다 가요. 밤 12시 넘어서 잘 때도 많고요. 그래서 그런지 학교에선 졸릴 때가 많아요."

숙제를 내주는 이유는 복습을 하게하고 더 깊이 있는 공부를 하도록 유도하기 위해서다. 당연히 숙제를 충실히 하면 반복 효과가 있어서 공부의 집중도를 높여갈 수 있다. 하지만 분량이 너무 많으면 아이는 그것을 공부로 받아들이지 못하고 노동으로 받아들이게 된다. 그렇게 되면 공부 효과는 급격히 떨어진다.

2009 국제학업성취도평가(PISA)에서 최상위권의 성적을 보여준 우리나라 학생들의 자기주도학습 능력(자기학습통제 능력)이 64개 국 중 58위였다. 쉽게 말하면 시키지 않으면 하지 않는다는 것이다. 그렇다면 이 학생들이 원래부터 시키지 않으면 공부를 하지 않는 학

생들이었을까? 물론 그렇지 않을 것이다. 누군가 시켜야 공부를 하도록 지속적으로 훈련 받은 결과다.

흔히 볼 수 있는 광경을 한번 상상해보자. 초등학생 K가 집에 와서 열심히 숙제를 한다. 그리고 숙제를 다 한 다음에 엄마에게 "엄마, 숙제 다 했어요"라고 말한다. 아이가 이렇게 말하는 이유는 무엇일까? 숙제 다 했으니 칭찬해달라는 뜻과 이제 좀 놀아도 되느냐는 의도가 포함되어 있다.

하지만 엄마는 시계를 보고는 잠자리에 들기까지 아직도 시간이 많이 남아 있다는 사실 때문에 불안하다. "책 다시 가져와 봐. 너, 여기까지만 문제 풀고 놀아도 돼." 아이는 다시 공부를 하기 위해 방으로 들어간다. 그리고 열심히 공부한다.

잠시 후 아이는 "엄마, 숙제 다 했어요. 인제 놀아도 되죠?" 하며 달려온다. 하지만 예상했던 시간보다 일찍 나온 아이에게 엄마는 다시 한 번 요구한다. "진짜 마지막인데, 여기까지만 풀고 놀아. 엄마가 진짜 많이 양보했다." 힘없이 자기 방으로 들어간 아이는 과연 방에 들어가서 또 공부를 열심히 할까? 그 다음은 안 봐도 훤하다. 이제 아이는 '일찍 끝내고 나가봐야 엄마가 또 공부시킬 거야'라는 생각에 더 이상 최선을 다하지 않게 된다.

앞에서 교육은 '집어 넣어주는 것'이 아니라 '끌어내주는 것'이라고 했다. 학습량이 많으면 공부를 잘할 것이라는 관점은 교육은 집

거꾸로 학습코칭

어 넣어주는 것이라고 생각하는 데서 기인한다. 그러니 최대한 수업을 많이 받게 하고 숙제를 많이 내주어야 공부를 잘할 수 있다고 생각한다. 하지만 과도한 학습량은 오히려 학습동기를 떨어뜨리고 자발성을 저하시킨다. 그리고 무조건 숙제를 많이 내주는 선생님이 좋은 선생님이라는 편견도 버렸으면 좋겠다. 실제 코칭을 받는 학생 중에 학원을 그만두고 적은 양의 학습을 하였음에도 오히려 성적은 오르는 경우를 많이 보았다.

이제는 교육을 '어떻게 하면 끌어내줄 수 있을까'라는 관점으로 바라보자.

거꾸로 학습코칭 포인트

1. 공부를 통해서 얻는 즐거움이 보상으로 주어졌을 때 아이는 또다시 공부하게 된다. 외적 보상 시스템으로 아이를 길들이려 해서는 안 된다.

2. 과도한 학습량은 학습동기를 떨어뜨리고 자발성을 저하시킨다.

정신의 성숙

"생활에서 중요한 것은 균형인 것 같아요. 봉사활동이나 운동을 통해 심신을 정화해야 학업에도 더 집중할 수 있어요"라고 2013년도 서울대 만점 졸업자(전 과목 'A+(평점 4.3)', 학적부 전산화 이후 첫 만점 졸업자) K씨는 언론과의 인터뷰에서 말했다.

봉사와 학습은 어떤 관계가 있을까? 공부를 잘하기 위해서는 공부만 하고 다른 것은 전혀 하지 않아야 한다고 생각하는 사람들도 있다. 그런데 내가 만나본 학생들 중에는 하고 싶은 것들을 짬짬이 해나가면서도 공부를 잘하는 학생들도 많았다. 많은 학생들이 봉사

활동을 하면서 공부가 더 집중되었다고 말한다.

고등학교 1학년 때 아버지가 사업에 실패해서 대학진학을 포기해야 하나 고민하던 학생이 있었다. 그렇게 고민하던 아이에게 어머니는 초등학생들에게 공부를 가르치는 봉사를 하라고 권했다. 그 학생의 어머니는 "우리보다 더 어려운 사람들이 많다"며 자녀의 등을 떠밀었다.

처음에 그 학생은 '내 공부할 시간도 없는데 이걸 해야 하나' 하는 생각을 했지만 시간이 거듭될수록 보람을 느꼈다고 한다. 그리고 자기가 지금은 형편이 안 되지만 나중에 사회에 나가서 어려운 사람들을 더 많이 도울 수 있으면 좋겠다는 생각도 하게 되었다고 말했다. 봉사를 통해 보잘것없게 느껴졌던 자신이 소중하다는 생각이 들었고 공부에도 더 집중할 수 있게 되었다. 그렇게 공부에 몰입하게 되자 성적도 올라가게 되었다.

결국 공부는 투자한 시간에 비례하는 것이 아니라 마음을 얼마나 집중하였느냐에 따라서 효율이 달라진다. 따라서 무조건 공부만 할 것이 아니라 자신을 돌아볼 기회를 가지며 주변정리와 마음가짐을 새롭게 하는 시간이 필요하다.

봉사는 다른 사람을 위한 시간이기도 하지만 결국 자기를 위한 시간이기도 하다. 봉사를 통해서 자기가 더 위로받고 감사하는 마음이 생기게 된다. 꿈과 목표 설정이 학습동기의 전부는 아니다. 자아

성찰이 잘 이뤄진다면 거기서도 더 큰 동기가 발현될 수 있다.

정신적 성숙은 최선의 노력을 유도한다

주변에 보면 초등학교 때나 중학교 때는 공부를 못했는데 갑자기 공부를 열심히 해서 큰 성과를 거둔 경우가 있다. 이렇게 된 이유를 살펴보면 내적으로 큰 변화를 겪으면서 정신적으로 성숙하게 되어 공부에 몰입하게 되었음을 알 수 있다.

평소에는 일을 미루다가 급해진 다음에야 서두르는 사람들이 있다. 간신히 일을 처리한 그들은 다시 한동안 일을 미루다가 급해지면 쫓기면서 일에 뛰어드는 것을 반복한다. 그런데 그들과 달리 평소에도 꾸준하게 최선을 다해 생활하는 사람들이 있다. 이 사람들은 목표가 분명한 경우이거나 내적 성찰을 통해 하루하루 최선을 다해 살아갈 이유를 찾은 사람들이다. 정신적으로 성숙한 사람은 최선을 다해 살아가려고 한다. 후회 없는 삶을 사는 것이 매우 중요하다는 것을 알고 있는 것이다.

'후회'라는 감정을 느껴본 사람은 다시는 그러한 감정을 느끼고 싶어 하지 않는다. 그 경험이 크고 쓰라릴수록 현재에 최선을 다하려 한다. 시련을 통해 그것을 극복하고 큰 성과를 이뤄낸 사람들도 그런 과정을 통해 자신의 능력의 최대치를 끌어낼 수 있었다.

아이들에게도 고난이나 역경을 통해 내적으로 성숙할 수 있는 기회가 필요하다. 그러나 요즘은 헬리콥터 엄마의 등장으로 매사를 챙겨주고 자녀가 할 일을 다 해주는 경우가 많아지고 있다. 대학 수강신청은 물론이고 성적관리에도 나서고 심지어는 직장 내 문제까지 직접 개입하는 부모들도 있다고 한다. 이렇게 되면 자녀는 미성숙한 모습으로 계속 머물고 사사건건 부모에 의존하는 모습을 보이게 될 것이다. 몸은 성장하지만 정신은 여전히 어린 시절에 머무는 어른아이가 되는 것이다.

그렇기 때문에 아이가 평소에 여러 가지 고통과 시련을 지혜롭게 극복함으로써 스스로 정신적 성숙을 이룰 수 있도록 도와야 한다.

가장 손쉽게 할 수 있는 방법이 운동을 하는 것이다. 경기를 하는 과정에서 자연스럽게 육체적 고통을 느끼게 되고 이를 극복하면서 정신력이 강화된다. 장거리 달리기는 극한의 고통을 주지만 이를 견뎌내면 육체와 정신이 강화된다. 축구나 농구도 경기 시간이 길고 체력 소모가 많아 마찬가지로 고통스럽지만 재미도 있기 때문에 이를 자연스럽게 극복할 수 있다.

풀리지 않는 문제를 풀기 위해 노력하는 과정도 고통스러운 과정이다. 풀리지 않는 문제를 풀기 위해 긴 시간 동안 문제에 도전한다면 고통의 강도가 매우 강해진다. 포기하고 싶은 마음이 굴뚝처럼 솟아오른다. 자신의 한계를 넘어서야 문제를 해결 할 수 있기 때문에 육체적 고통 못지않게 정신적 고통도 심해진다. 이런 도전이 반복되면 또 다시 어려운 문제에 도전하게 되고 점차 속이 깊은 인물로 변모해간다.

이러한 방법은 직접적인 것들인데 간접적인 방법으로도 정신적 성숙을 꾀할 수 있다. 대표적인 것이 역사를 공부하는 것이다. 우리의 역사를 공부하면 우리 조상들의 생활의 모습을 보게 될 것이고 때로는 조상들의 수난과 치욕의 역사도 마주하게 될 것이다. 역사를 공부하면서 아이들은 현재의 삶이 그냥 주어진 것이 아니라는 것도 어렴풋이나마 이해하게 될 것이고 삶을 대하는 태도도 조금은 달라질 것이다.

유대인 교육 방법 중 눈에 띄는 것이 있다. 그것은 바로 어린 학생들에게 선조가 겪은 고난의 역사를 그대로 가르치는 것이다. 그들은 학생 시절에 아우슈비츠 수용소를 의무적으로 방문해야 한다. 그곳에서 아이들은 독가스실과 수감실을 보고 고통스럽게 죽어간 선조들의 모습을 경험하게 된다. 너무나 큰 충격에 울음을 터뜨리는 학생들도 있다고 한다. 이런 교육을 통해 학생들은 '다시는 이런 일이 일어나지 않도록 하려면 어떻게 해야 할 것인가'를 고민하게 된다.

삶의 태도가 진지해진 아이가 게임이나 오락으로 자신의 시간을 전부 채우지는 않을 것이다. 좋은 직장에 취직하거나 돈 벌어서 잘 살기 위해서 공부해야 한다고 하면 아이를 설득하는 데 한계가 있

다. 아이의 마음속에 최선의 삶을 살아야 하는 이유를 찾도록 도와
주는 것이 현명한 교육이라 할 수 있다.

거꾸로 학습코칭 포인트

1. 시간을 많이 투자한다고 좋은 성적이 나오는 것이 아니다. 마음을 얼마
   나 집중하였느냐에 따라서 공부 효율성이 달라진다.

2. 정신적 성숙은 최선의 노력을 유도한다. 삶의 태도가 진지해진 아이
   는 시간을 낭비하지 않으려고 노력하게 된다.

공통된 비결

그릿(Grit), 마음의 근력을 키워줘라

펜실베이니아대 심리학과 앤절라 리 덕워스(Angela Lee Duck-worth) 교수는 세계적인 지식 강연인 '테드(TED)'에 연사로 참여해 "성공할 거라고 예측했던 사람들에게선 한 가지 공통된 특성이 있었는데, 그것은 좋은 지능도 아니었고, 좋은 외모나 육체는 더구나 아니었다"라고 말하면서 자신의 경험담을 털어놓았다.

그녀는 경영 컨설턴트로 일하다 27세에 뉴욕시의 공립학교로 옮겨 수학을 가르치게 되었다. 그는 그곳에서 단지 지능지수(IQ)의 차이가 성적을 결정하는 것은 아니라는 것을 알게 되었다. 성적이 우수한 학생 중 일부는 IQ가 그리 높지 않았고, IQ가 높은 학생 모두가 성적이 좋은 것도 아니었다.

'인생에서 성공하기 위해서 재능이나 지능보다 훨씬 더 중요한 다른 무언가가 있다면 그것은 무엇일까?' 이런 의문을 품은 그녀는 교직을 그만두고 대학원에 진학해 본격적으로 심리학을 공부했다. 다양한 학생들과 성인들을 연구하며 끊임없이 질문했다.

'성공한 사람의 공통된 비결은 과연 뭘까?'

그녀는 미국 육군사관학교에 가서 어떤 사관생도가 군사훈련을 끝까지 받거나 중도에 그만두는지, 전국 맞춤법대회에 가서 어떤 학생이 끝까지 경쟁에서 살아남는지를 지켜봤다. 그리고 아이들을 지도하기 어려운 문제 학교에 배정된 초임 교사 중 누가 끝까지 포기하지 않고 남아서 효율적인 방법으로 아이들의 학습 성과를 이끌어내는지를 연구했다. 어떤 세일즈맨이 끝까지 살아남고 판매 성과가 가장 좋은지 알아보기 위해 몇몇 회사와 제휴를 맺기도 했다. 미국 방방곡곡을 다닌 뒤, 성공할 거라고 예상되는 사람의 특징에 대한 그녀의 결론은 이랬다.

"그것은 바로 그릿(Grit)이다!"

그릿은 기개, 투지, 용기의 뜻이 있다. 그릿은 "때론 어려움이 있더라도 자신이 세운 목표를 향해 오랫동안 꾸준히 노력할 수 있는 능력"을 뜻한다. 덕워스 교수는 "그릿이란 목표를 향해 오래 나아갈 수 있는 열정과 끈기"라며 "해가 뜨나 해가 지나 꿈과 미래를 물고 늘어지고, 일주일, 한 달이 아니라 몇 년에 걸쳐 꿈을 실현하기 위해 열심히 노력하라"고 강조했다.

그렇다면 아이들을 자기주도형 인재로 성장시키기기 위해 어떻게 그릿를 키워줄 수 있을까?

그것을 위한 방법의 하나로 그녀는 캐롤 드웩 교수의 성장 마인드 셋(growth mind set)을 소개했다. 성장 마인드 셋을 가진 사람은 넘어져도 아무렇지 않게 다시 일어나 걷는 어린아이와 같다. 이들에게 실수나 역경은 성장의 발판이 된다. 그리고 이들은 타인과 비교하지 않고 어제의 나보다 오늘의 내가 얼마나 더 발전했는지에 의미를 둔다. 반면 고착 마인드 셋(fixed mind set)을 가진 사람들은 능력을 "학습을 통해 끊임없이 계발될 수 있는 변화 가능한 것이 아니라, 유전과 환경에 의해 결정되는 것"이라고 본다. 이들은 실패나 실수를 자신의 능력이라고 보고 수치스러워할 뿐, 실패에서 벗어나려고 하지 않는다.

이 같은 태도의 차이가 모든 것을 가른다. 성장 마인드 셋을 갖춘 아이들은 여러 번의 실패에서도 다시 자신의 목표를 향해서 나아간다. 아이들이 (학습)능력은 타고나거나 고정된 것이 아니라 노력에 의해 얼마든지 바뀔 수 있다는 것을 이해하고 마음속에 확고하게 자리잡도록 하는 것이 중요하다.

1. 학습능력은 타고나거나 고정된 것이 아니라 노력에 의해 얼마든지 바뀔 수 있다는 것을 아이들이 이해하고 마음속에 확고하게 자리 잡도록 하는 것이 중요하다.

슬로 리딩 플러스

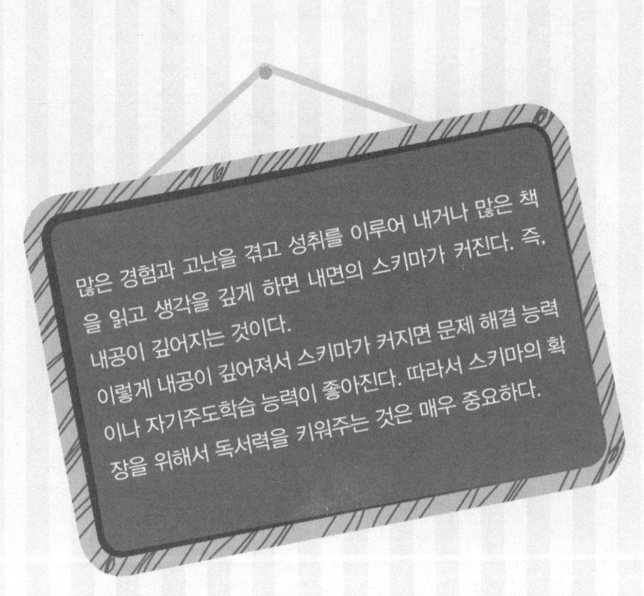

많은 경험과 고난을 겪고 성취를 이루어 내거나 많은 책
을 읽고 생각을 깊게 하면 내면의 스키마가 커진다. 즉,
내공이 깊어지는 것이다.
이렇게 내공이 깊어져서 스키마가 커지면 문제 해결 능력
이나 자기주도학습 능력이 좋아진다. 따라서 스키마의 확
장을 위해서 독서력을 키워주는 것은 매우 중요하다.

내 인생의 모든 것을 변화시킨 독서

책은 꿈꾸는 법을 가르쳐주는 진짜 스승이다.

– 가스통 바슐라르

지방의 한 교육지원청에서 초·중학생을 대상으로 〈책쓰기 프로그램〉을 진행한 적이 있다. 그 수업에서 나는 주제를 정하지 않고 각자 자신이 쓰고 싶은 이야기를 에세이 형식으로 쓰도록 했다. 모두들 열심히 자신만의 이야기를 써 내려가기 시작했다.

그런데 그중 한 학생이 한숨을 쉬며 심각한 표정으로 아무 것도 하지 않은 채 앉아 있었다. 나는 그 학생에게 다가가 무슨 문제가 있는지 물었더니, "선생님, 전 쓸 게 없어요" 하는 것이다. 그래서 그 학생과 이런 저런 얘기를 나누게 되었다.

125

“너 중학교 들어와서 공부가 어땠어? 성적은 괜찮아?”

그랬더니 웃으면서 “첫 시험에서 국어 40점 맞았습니다”라고 한다. 국어가 40점이라면 다른 과목은 물어보나 마나일 것 같았다.

그래서 다시 “왜 그렇게 성적이 안 좋았지? 공부를 안 했니?”라고 물었더니, “네, 제가 초등학교 때 책을 많이 안 읽어서 어휘력과 배경지식이 부족하여 공부를 못하게 되었습니다”라고 말하며 자못 진지한 표정을 지었다. 마치 모범답안을 이미 알고 있다는 듯 여유 있는 답변이었다.

“그래? 그럼 지금은 어때?”

“지금은 잘해요. 잘하고 있어요.”

지금도 힘들다는 대답이 나올 줄 알았는데, 의외의 대답에 호기심이 생겼다.

“그래? 뭐 너만의 무슨 비법이라도 있니?”

“아뇨, 무슨 특별한 비법은 아니고요. 제가 이전까지는 책을 읽은 기억이 없을 정도로 책을 안 읽었는데, 어쩌다 보니 책을 좋아하게 되었어요.”

“무슨 일이 있었는데?”

“1학기 기말고사가 끝나고 국어 선생님께서 책을 빌려오라고 하셨어요. 시험도 끝났으니 이제 방학할 때까지 책을 읽을 거라며 한 권씩 가져오라는 거예요. 그래서 친구들이랑 도서실에 가서 아무 책이나 빌렸어요. 사실 제목도 안 보고 빌렸죠. 저는 책 읽는 거 별로 안 좋아 했거든요. 그런데 아이들과 함께 책을 보아서인지 집중이 잘 되는 거 같았어요. 《그림자 아이들》이라는 책이었는데, 재미도 있고 인상적이었어요. 그래서 수업이 끝나고 쉬는 시간에도 계속 읽게 되었고, 곧 다 읽게 되었어요.”

“와우, 대단한데. 그 다음부터 책을 계속 읽게 된 건가?”

“책을 다 읽고 나서 그 책이 시리즈인 걸 알게 됐어요. 총 일곱 권짜리더라구요.”

“그것도 모르고 빌렸던 모양이네, 하하.”

“네, 그렇죠. 그런데 1권을 다 보고 나니까 2권 내용이 궁금한 거예요. 그래서 나머지도 다 빌려다 보았죠. 그렇게 방학이 시작할 때까지 모두 다 읽었어요.”

“그럼, 방학 때는 어떻게 했어? 책을 더 많이 읽은 거야?”

“그게 그렇진 않구요. 방학이라서 책을 좀 더 읽어보려고 했는데 집에 책이 하나도 없는 거예요. 그래서 ‘아, 우리 집엔 책이 정말 없구나!’ 했죠. 그래서 할 수 없이 1학기 국어 교과서를 읽기 시작했어요.”

“오우, 좋은 선택을 했네. 하지만 교과서 읽기가 쉽지는 않았을 텐데…….”

“네, 정말 그랬어요. 분명히 1학기 때 배운 내용인데 다 처음 보는 것 같았어요. 내용도 어려워서 동화책 보는 거랑은 많이 달랐고, 읽는 속도도 더뎠고요. 15분 정도 읽으면 집중력에 한계가 왔어요.

머리가 아파서 더 읽을 수가 없었어요."

"그럴 땐 어떻게 했어? 머리가 아파서 읽기 힘들 때 말이야."

"음, 그럴 땐 멈춰요. 일단 쉬어야죠. 그런데 머리가 아프긴 했지만 책이 재미도 있었어요. 그래서 쉬었다가 편안해지면 또 읽고 그랬어요. 그러다 보니 한 번에 읽는 시간이 점점 길어졌어요. 20분 정도 읽으면 머리가 아파지는 거죠. 그러면 또 쉬어요. 그런 식으로 계속 읽다 보니 어느덧 교과서를 다 읽게 되었어요."

"국어 교과서를 다 읽고는……."

"딱히 읽을 만한 책이 없었기 때문에 그냥 국어 책을 한 번 더 읽었어요. 그런데 한 번 더 읽는 데도 재미가 있더라고요. '아, 책은 이렇게 두 번 읽어도 재미가 있는 거구나'라는 걸 알게 됐죠. 그래서 그렇게 읽다 보니 한 번 더 읽게 되고 또 읽게 되고, 결국 여덟 번을 읽게 되었어요."

"그렇게 여러 번 읽으면 기억도 잘 났겠네."

"네, 기억도 잘 나고 이해도 잘 됐어요. 사실 제가 국어는 포기했었거든요. 그런데 2학기부터는 방학 때 했던 방법으로 교과서를 계속 반복해서 읽었어요. 그랬더니 점수가 점점 오르더니 기말고사 때는 90점을 넘었어요. 그래서 공부에 대한 자신감도 많이 갖게 됐고 다른 과목도 그렇게 여러 번 읽으면서 공부했어요. 1학기 때 책을 빌려 봤던 게 정말 중요한 계기가 되었어요."

"음, 그럼 요즘에도 책을 많이 읽겠구나?"

"네, 방학 때면 친척 형이랑 도서관에 가서 책 읽는 시간이 많아요. 빌려다 집에서 보기도 하구요."

학생의 표정은 자신감과 감사함으로 가득 차 있었다.

"너 아까 쓸 게 없다고 했는데, 네가 책에 빠진 이야기 한번 써보면 어떨까? 다른 친구들한테도 도움이 될 것 같은데."

얼마 후 가져온 글은 이렇게 끝맺고 있었다.

"내 인생의 모든 것을 변화시킨 '독서' …… 언젠가 나에게 다른 변화를 가져다 줄 것으로 믿으며 나는 오늘도 책을 읽는다."

독서를 통해 공부 방법을 깨닫다

만약 이 학생이 도서실에서 책을 빌려 읽는 기회를 갖지 못했다면 어떻게 되었을까? 아마 지금도 40점대의 열등한 학생으로 남아 있을 것이다. 다행히 선생님의 권유로 책을 읽을 수 있었고 덕분에 공부 방법까지 터득하게 되었다. 독서와 학습이 어떻게 연결되어 있는지 보여주는 소중한 사례라고 할 수 있다.

사실 아이들이 학습을 힘들어 할 때 다양한 방법을 동원하여 학습에 흥미를 일으키고 공부를 열심히 하도록 유도하지만 뜻대로 되지 않는 경우가 많다. 국어 선생님이 했던 것처럼 함께 책을 읽는

것만으로도 이미 훌륭한 코칭이 진행되고 있음을 알아야 한다. 코
칭은 거창한 방법이나 스킬을 요구하는 것이 아니라 매우 단순하고
소박한 모습으로 진행되는 경우가 많다.

거꾸로 학습코칭 포인트

1. 함께 책을 읽는 것만으로도 충분히 학습에 흥미를 불러일으키고, 책 읽
기를 통해 자연스럽게 학습 방법을 익힐 수 있다.

아는 만큼 보인다

책만큼 재미있는 것이 없고,
책을 읽은 사람만큼 재미있는 사람이 없다.

– 에머슨

청소년들의 디지털 중독 때문에 고민하는 부모들이 많다. 어려서부터 독서에 습관을 들이고 재미를 붙인 학생은 디지털기기를 가지고 있어도 어느 정도 조절해가면서 능동적으로 사용하는 것을 볼 수 있다. 따라서 자녀가 꾸준하게 독서하도록 지도하고 있다면 자기주도 학습의 지름길로 가고 있다고 봐도 될 것이다. 그런데 초등학교 때는 독서를 곧잘 하던 학생도 중학교에 진학하고 나서는 상급 학교 진학 준비에 시간을 빼앗겨 독서를 거의 못하는 것이 현실이다.

청소년기의 독서는 학습을 위한 독서, 소양을 쌓기 위한 독서, 진로 설계를 위한 독서 등으로 나눌 수 있다. 내신성적을 올리는 데 급급한 학생은 학습을 위한 독서에만 치중한다. 하지만 풍부하고 다양한 독서는 자기주도적 학습습관을 자연스럽게 익힐 수 있는 가장 쉽고 확실한 방법이다.

모르는 단어가 너무 많아요

중학교 1학년 민수는 책상 앞에 앉아 열심히 국어 문제집을 풀고 있다. 며칠 전 어머니께서 중간고사 대비용 문제집을 사주셨고, 민수는 내일 있을 국어 시험에 대비하여 문제를 풀고 있는 것이다. 그런데 민수는 내내 곤혹스러운 표정으로 끙끙거리더니, 나에게 도움을 요청했다.

"선생님, '민요풍' 이게 무슨 말이죠?"

"선생님, '참회' 이건 또 무슨 뜻이죠?"

"선생님, '직유'는 뭘 말하는 거죠? 무슨 말인지 알아야 문제를 풀죠 …… 휴~~"

가까이 가서 문제집을 들여다보니 모두 같은 문제에 있는 어휘들이었다. '한 문제에서도 모르는 단어가 이렇게 많은데, 어떻게 문제를 풀 수 있겠는가?' 당장 내일이 시험인데 문제도 이해하지 못하고 있으니 여간 걱정이 되는 것이 아니었다. 민수의 독해 능력이 이렇게 처참한 이유는 평소에 책을 거의 읽지 않기 때문이다.

이런 문제는 수학문제를 풀면서도 여지없이 드러났다. 민수는 문제 자체를 이해하지 못해서 무척 답답해했다. 난이도가 높은 문제는 문제가 무엇을 요구하는지 정확히 아는 것이 중요한데, 독해 능력이 없으면 수학적 지능이 발달했다 하더라도 풀지 못하는 것은 당연하다.

민수 어머니에게 이런 현실을 알려주고 당장의 성적 향상보다는 읽기 능력을 높여주어야 한다고 제안했다. 다행히 민수 어머니도 그 부분에 대해 공감하고 민수의 읽기 능력을 키우는 데 함께 노력하기로 했다.

그 후 나는 매번 코칭을 할 때마다 재미있고 학습에 도움이 될 만한 책을 가져가서 다음 시간까지 읽어오는 과제를 내주었다. 수업 하러 갈 때면 "오늘은 무슨 책 가져오셨어요?"라고 반기는 민수는 조금씩 읽기에 재미를 붙여갔다. 그리고 차츰 읽기 능력이 향상되는 걸 볼 수 있었다.

독서로 다져진 아이

"선생님, 저 이번 시험에 평균 10점 이상 올랐어요."
묻지도 않았는데 현규는 목소리를 높였다.

“그래, 정말 잘 됐다. 그동안 노력한 결과가 나왔구나.”

“네, 이번에는 정말 공부를 많이 했어요. 그런데 국어 점수가 떨어졌어요.”

“너 국어 잘하잖아.”

“1학기엔 선생님이 하라는 대로 평소에 학교진도에 맞춰서 교과서와 참고서를 자세히 읽으면서 공부했고 시험 때는 문제집을 풀었어요. 그런데 이번에는 그렇게 하지 못했어요.”

현규는 1학기에 국어 점수가 높게 나와 국어에 자신감을 갖고 있었다. 자신감이 지나쳐 국어에 소홀했던 것이다.

“그럼, 다음엔 어떻게 해야 할까?”

“평소에 꾸준하게 해줘야겠어요.”

“영어는 어땠어?”

“선생님께서 교과서를 천천히 여러 번 읽으라고 하셨잖아요. 여러 번 읽으니까 거의 암기할 정도가 됐는데, 그랬더니 도움이 많이 됐어요.”

현규는 2학기 들어서 몇 가지 공부 방법에 변화를 주었다. 영어는 교과서를 천천히 이해하면서 여러 번 읽게 하여 저절로 암기가 되도록 하였다. 수학은 문제가 안 풀려도 답을 보지 못하게 하고 오랫동안 생각하면서 풀게 하였다. 사회와 과학은 학교 진도에 맞춰 복습을 하게 하면서 문제 풀이를 같이 하게 하였다.

현규는 학원은 한 번도 다닌 적이 없지만 책을 좋아해서 시험 전

날에도 책을 읽는다. 책을 읽는 습관은 현규로 하여금 공부에 집중하게 하는 든든한 힘이 된다. 독서량이 많은 학생들은 코칭하기가 수월하다. 하지만 독서습관이 없는 학생들은 챙겨야 할 부분이 훨씬 많아진다. 초등학교 때는 공부의 기초체력을 다지는 중요한 시기이다. 독서는 공부의 기초체력을 다지는 데 가장 좋은 방법이다. 독서로 다져진 아이들은 시간이 지날수록 공부 저력을 발휘하게 된다.

“아는 만큼 보인다”는 말이 있다. 같은 글을 읽고도 배경 지식이 풍부한 사람들은 배경 지식이 빈약한 사람들보다 훨씬 많은 것을 느끼고 볼 수 있다. 똑같은 뉴스를 보면서도 거기에서 유추하고 생각해내는 것들이 사람마다 다르고 차이가 있다.

그것은 각자의 내면에 존재하는 ‘스키마(schema, 과거의 경험이나 지식들을 토대로 새로운 경험을 친숙하게 받아들이는 것)의 힘’이 다르기 때문이다. 우리의 지식은 경험에서 얻은 에피소드식 지식과 추상화되어 자신의 기억 속에 남아 있는 개념적 지식으로 구분되는데, 이러한 지식들을 통해 스키마가 형성된다.

많은 경험과 고난을 겪고 성취를 이루어 내거나 많은 책을 읽고 생각을 깊게 하면 내면의 스키마가 커진다. 즉, 내공이 깊어지는 것이다. 이렇게 내공이 깊어져서 스키마가 커지면 문제 해결 능력이나 자기주도학습 능력이 좋아진다. 따라서 스키마의 확장을 위해서 독서력을 키워주는 것은 매우 중요하다.

1. 독해 능력이 약한 학생은 성적 향상을 위한 학습보다 읽기 능력을 높이는 공부부터 시작해야 한다.

2. 독서로 다져진 아이들은 시간이 지날수록 공부 저력을 발휘한다.

지름길을 찾아서

PART 4 슬로 리딩 플러스

가난한 사람은 책으로 인해 부자가 되고,
부자는 책으로 인해 존귀해진다.

— 고문진보

공부의 핵심은 읽기에 있다

학년이 올라갈수록 독서 능력이 바탕이 되어 배경지식이 풍부하고, 지식과 지식을 연결하여 추론하고, 다양한 사고를 하도록 훈련된 아이가 공부도 잘한다. 그렇기 때문에 학습 능력을 발전시키는 지름길은 독서 능력을 키워주는 것이다. 따라서 공부를 못하는 학생들은 마음을 급하게 먹지 말고 기초로 돌아가 책 읽는 습관과 올바른 독서 방법을 익히는 것부터 시작해야 한다.

공부의 핵심은 '읽기'에 있다. 수학, 영어, 사회, 과학 등 어떤 과목이든지 교과서의 내용을 확실히 이해하는 것이 공부의 핵심이다. 학습할 수 있는 기초 체력은 바로 책 읽기를 통해 형성된다. 읽고 이해할 수 있는 힘만 있다면 학습 능력의 반은 갖춘 것이나 마찬가지다.

이러한 독서 능력은 일생 동안 조금씩 길러지는 것이 아니라 4~5세 때 시작돼 초등학교 시절에 거의 완성되는 능력이라고 한다. 따라서 이 시기에 독서 능력을 키우지 못한 아이는 상급 학교로 갈수록 공부가 어려워지고 공부에도 흥미를 잃게 된다. 반대로 이 시기에 독서 능력을 충분히 기른 아이는 갈수록 학습이 수월해진다.

글자를 안다고 해서 독해 능력이 있는 것은 아니다. 누구나 글자를 읽을 수 있지만 독해, 즉 글을 이해하는 능력은 개인마다 다르다. '영상 세대'로 불리며 독서량이 절대적으로 부족한 요즘 아이들 중에는 독해력에 심각한 결함을 보이는 경우가 많다.

학습 부진의 주된 원인은 읽기 능력 부족에 있다. 이런 아이들은 성인이 돼서도 같은 글을 두세 번 읽어야 겨우 이해하는 증상을 보인다. 그러니 이런 학생들은 지금부터라도 하루에 조금씩 책을 읽으며 부족한 독서량을 채우는 훈련이 필요하다. 물론 독서량만큼이나 '올바른 읽기 방법'도 매우 중요하다.

재미있는 장르

학교에서 가출 때문에 상담을 받고 있던 중학교 2학년 중환이를 만난 건 어느해 여름이었다. 중환이는 당시 성적이 최하위권이었고, 담배도 피우는 등 흔히 말하는 문제아였다. 학교에서도 요주의 인물이었고, 부모님도 "학교만 졸업하라"고 애원할 정도였다.

중환이는 나와의 첫 만남부터 다소 도발적인 자세로 나왔다. 중환이가 나에게 던진 첫 마디는 "저는 공부는 안 해요. 재미없어요. 저 공부시키려거든 그냥 가시는 게 좋을 거예요"였다.

나는 웃으면서 "너, 공부하려고 했어? 넌 아직 준비가 안 돼서 공부할 단계가 아닌 것 같은데. 공부 안할 거니까 나중에라도 공부하고 싶으면 그때 얘기해."

그리고 말을 이었다.

"야, 너 싸움 좀 한다면서? 커서도 계속할 거냐? 선생님도 학교 다닐 때 싸움 좀 했는데 지금은 싸움 같은 거 안해. 선생님이 너한테 뭔가 도움을 줄 수 있을 것 같은데 우리 앞으로 잘해보자."

중환이와의 코칭은 이렇게 시작되었다. 그런데 중환이는 한글 공부부터 다시 해야 할 정도로 심각한 수준이었다. 대화할 때 사용하는 어휘도 초등생 수준이고, 4학년 동생보다도 수준이 더 낮은 상황이었다. 딱히 수업시간에 할 수 있는 게 없었다.

그런데 중환이는 만화 읽는 것은 좋아했다. 그래서 선택한 것이 만화 읽기였다. 우리는 매번 만날 때마다 만화를 읽었다. 내가 하는 일은 중환이의 수준에 맞는 좋은 만화를 구해오는 것이었고, 중환이는 그 시간에 즐겁게 만화를 읽었다. 나는 중환이가 보고 나면 그 책을 받아서 읽었다. 중환이가 읽어야 내가 읽을 수 있었기 때문에 중환이는 더 열심히 읽었다. 그렇게 백 권이 넘는 만화를 읽었다.

그리고 어느 날부터는 가끔 신문도 읽었다. 일간지 두 개를 준비해서 서로 번갈아가면서 읽고 인상 깊은 기사를 서로 얘기하였는데, 중환이가 의외로 본인의 관심 분야에 대해서 적극적으로 얘기를 하는 바람에 수업이 늦게 끝나곤 했다.

그렇게 수업을 여러 달 진행하던 어느날, 중환이가 코칭 시간이 1시간이 지났는데도 오지 않았다. 할 수 없이 '다음 시간에 봐야겠구나' 하고 돌아가려던 때에 중환이가 숨을 헐떡이며 달려왔다.

"많이 늦었네. 무슨 일이 있었니?"

"모레가 시험인데요. 우리 반 1등 하는 애 노트를 베껴 오느라고 좀 늦었어요. 죄송합니다."

처음 만났을 때 자기는 공부 안할 거라고 말했던 중환이가 시험 공부를 하고 온 것이다. 그동안 공부에 대한 얘기는 하지 않아서 그 부분은 크게 신경 쓰지 않았는데 내면에서는 변화가 오고 있었던 것이다.

"그래, 어디 좀 볼까? 음, 사회하고 국사를 정리했구나."

"네. 베끼면서 열심히 외웠어요."

"오, 그래? 그럼 몇 가지 물어볼까?"

"네, 물어 보세요. 열심히 외웠으니까 자신 있어요."

나는 중환이가 대답하기 쉬운 내용을 골라서 물어 보았다. 그랬더니 중환이는 곧잘 대답을 하였다.

"야, 정말 열심히 쓰고 외웠나 본데"라고 칭찬해주었다. 이렇게 중환이는 공부에 조금씩 재미를 붙여갔다.

위 사례에서 보듯이 독서 능력이 떨어지는 학생은 본인이 재미있어 하는 장르부터 시작하는 것이 좋다. 그러면서 읽기에 어느 정도 익숙해지면 서서히 신문이나 시사적인 내용을 곁들여서 읽기에 재미를 붙이도록 이끈다. 그리고 읽은 내용에 대해서 얘기하면서 생각하는 능력을 기르도록 하면 자연스럽게 교과에도 관심을 갖게 된다.

거꾸로 학습코칭 포인트

1. 공부의 핵심은 '읽기'에 있다. 학습할 수 있는 기초체력은 바로 책 읽기를 통해 형성된다.

2. 독서 능력이 부족한 학생은 흥미 있는 분야부터 시작하여 점점 분야를 확대해나간다.

책 읽어주는 남자

혼자 책 읽는 것에 소극적인 아이들은 일단 어휘력을 점검해볼 필요가 있다. 이런 아이들은 책 읽기를 아이 혼자의 몫으로 놔두기보다 부모와 코치가 책을 읽어주며 도움을 주는 것이 필요하다. 아이가 문자를 깨우쳤다고 해서 책 읽어주기를 그만두는 것은 좋지 않다. 물론 아이가 이제 혼자 읽겠다고 하거나 읽어주는 속도보다 읽는 속도가 빨라지는 시점부터는 더 이상 읽어주지 않아도 될 것이다.

너무 일찍 책 읽어주기를 그만두면 아이는 읽을 수 있는 것보다 더 쉬운 책만 골라 읽게 될 가능성이 크고, 그러다 보면 흥미를 잃게 될 수 있다. 책 읽어주기를 통해 듣기 훈련이 된 아이는 교사의 말이나 다른 사람의 이야기를 귀담아듣는 태도가 자연스럽게 형성 돼 수업 집중도도 높아진다.

어느 초등학교 6학년 선생님이 아이들의 독서습관을 길러주기 위해 '아침 10분 독서'를 실시한 적이 있다. 그런데 습관이 안 된 아 이들은 이 시간을 힘들어 했고 시간이 지나도 개선되지 않았다. 고 민하던 선생님은 아이들에게 책을 읽어주기로 결심했다.

처음에는 유치하다며 거부하는 아이들도 있었지만 아이들은 점 점 책 읽어주는 소리에 집중하기 시작했다. 결과는 대단히 성공적 이었다. 아이들은 선생님의 목소리에 귀기울이기 시작했고 나중에 는 독서습관이 정착되었다. 이처럼 책 읽어주기는 어느 정도 큰 아 이들에게도 독서습관을 길러주는 좋은 방법이 될 수 있다.

코칭을 할 때도 코치는 아이들에게 큰소리로 책을 낭독하도록 주 기적으로 지도해볼 필요가 있다. 그룹 코칭을 할 때는 읽은 내용 중 기억에 남는 부분을 돌아가면서 읽도록 하면, 읽기 능력 향상에 많 은 도움을 줄 것이다.

내가 책을 읽어주지

프랑스의 도심 변두리의 어느 고등학교. 이 학교에는 괜찮다는 고등학교에서 입학을 거절당한 학생들이 모여 있다. 학생들의 마음속에는 진한 패배주의와 회색빛 허무주의가 짙게 드리우고 있었다. 신학기에 제출하는 자기소개서에는 자신에 대한 온통 부정적인 말들을 배설하듯 적어 놓았다. 아마도 아이들은 그렇게 함으로써 학습에 대한 부담과 숱한 의무사항 들로부터 면죄부를 받고 싶어 하는 듯했다. 아이들은 자신을 존중하지 않는 것 같았다. 아이들은 끊임없이 자유를 갈망하면서도 스스로를 이 세상과 단절시키기 위해 노력했다. 스스로 버림받은 존재라고 믿고 있었다. 이러한 이중적 태도에 갇힌 아이들에게 어떤 도움을 줄 수 있을까?

이들의 선생님인 다니엘 페낙은 아이들에게 책을 읽게 해야겠다고 생각했다. 물론 학생들은 책 읽기를 좋아하지 않았다. 책을 읽으라고 하면 아이들은 "모르는 말이 너무 많아요.", "너무 두꺼워요.", "지겨워요." 하면서 책 읽기를 거부했다. 이런 학생들에게 어떻게 책을 읽게 한단 말인가? 페낙은 학생들에게 이렇게 말했다.

"책 읽기 싫은 사람, 손들어봐."

그러자 무수히 많은 손들이 교실 가득히 올라오는 것을 볼 수 있었다. 한마디로 만장일치라고 할 만했다. 그런 모습을 보면서 페낙은 다시 말했다.

"좋아. 너희들이 책 읽기가 그렇게 싫다면, 내가 대신 읽어주지."

그러고는 가방에서 엄청나게 두껍고 묵직해 보이는 책을 꺼냈다. 학생들은 '설마 저걸 다 읽으시겠다는 것은 아니겠지' 하는 표정으로 선생님을 바라봤다. 예기치 못한 상황에 당황한 기색이 역력했다.

"다들 준비 됐겠지?"

'맙소사, 저걸 다 읽으려면 1년도 더 걸릴 것 같은데.'

학생들은 긴장감이 흐르는 표정으로 선생님을 쳐다봤다. 어떤 학생은 필기를 해야 하는지도 모른다는 생각에 노트를 펴고 볼펜을 쥐었다.

"아니, 필기는 안 해도 돼. 그냥 열심히 들으면 되는 거야."

선생님은 천천히 책을 읽어나가기 시작했다. 아이들은 어떤 식으로 들어야 할지 난감했다. 처음 있는 일이었기 때문이다. 손은 어디다 두어야 할지, 고개는 또 어떻게 해야 할지…….

"다들 편하게 앉아서 듣도록, 긴장은 풀고 말이야."

그러자 결국 한 학생이 큰 소리로 질문을 한다.

"아니, 지금 우리한테 책을 읽어주시겠다는 겁니까?

"그래, 선생님이 너희에게 책을 읽어주려고 하는 거야."

"하지만 우리는 책 읽어줄 나이가 한참 지났는데요?"

"그래? 만약 10분이 지나도 그런 생각이 든다면 손을 들도록 해. 내가 수업 방식을 바꿀 테니까."

"그런데 그거 무슨 책이에요?"

"응, 소설이야."

선생님은 다시 책을 읽기 시작했다.

"제1장. 18세기 프랑스에 한 남자가 살고 있었다. 그는 그 시대에 가장 천재적이면서도 가장 혐오스런 인물 가운데 하나였다. 아무리 그 시절이 혐오스런 천재들이 지천이었던 시대였다 하더라도 말이다…….."

그렇게 페낙은 학생들에게 파트리크 쥐스킨트의 《향수》를 읽어주기 시작했다. 10분이 지났을 때 손을 든 사람은 없었다. 학생들은 점점 이야기 속으로 빠져들었다. 매 시간 학생들은 그 전 시간에 읽은 다음 부분부터 듣기 시작했다. 어떤 학생은 잠깐 잠이 들기도 했다. 그러면 깨어났을 때 '에이, 잠들어 버렸잖아!'라고 후회하면서 자기가 듣지 못한 부분에 대해 질문했다. 확실히 학생들은 소설에 깊이 빠진 것 같았다. 그리고 이것저것 질문을 하기 시작했다.

"선생님, 그런데 쥐스킨트가 누구예요? 아직 살아있어요?"

"《향수》는 원래 프랑스어로 쓰인 책인가요?"

그리고 몇 주가 지나자 예상치 못한 질문이 들려왔다.

"선생님, 《예고된 죽음의 연대기》 정말 재미있었어요. 그런데 《백 년 동안의 고독》은 무슨 내용이에요?"

"선생님, 팡트 있잖아요, 팡트! 《나의 멍청한 개》, 그 책 좀 골 때리는 것 같아요. 되게 웃겨요!"

어떤 학생은 더 나아가 자기가 읽은 작품에 대해 비평을 하기도 했다. 단지 학생들에게 책을 읽어주기만 했을 뿐인데 아이들은 거기서 더 나아가 다른 책을 찾아 읽었고, 그렇게 함으로써 자신들의

거꾸로 학습코칭

책에 대한 배고픔을 채웠다. 소설 읽기를 하기 전까지 아이들은 자신이 굶주리고 있다는 사실을 알지 못했다. 하지만 이제는 적극적으로 다른 책을 찾아 읽음으로써 허기를 채워나갔다.

덕분에 페낙 선생님의 책 읽기 수업은 끝까지 진행되기 어려웠다.

"선생님이 읽어주셔서 정말 도움이 많이 됐어요. 하지만 나중에 저 혼자 읽는 것도 괜찮을 것 같아요."

이로써 선생님의 목적은 완성되었다. 아이들은 책의 뒷부분을 스스로 찾아서 읽을 것이기 때문이다. 이 수업을 통해 학생들에게 찾아온 변화는 또 있다. 아이들은 자기가 읽은 책에서 좋아하는 구절을 외워서 서로에게 얘기해주곤 했다. 공부할 때는 그렇게 외우는 걸 싫어하더니 스스로 찾아낸 문장은 알아서 암기하게 된 것이다.

물론 책 읽어주기가 공부의 완성은 아니다. 하지만 이렇게 책과 학생을 연결시켜준다면, 학생은 공부를 잘할 수 있는 기회의 문에 들어선 셈이 된다.

거꾸로 학습코칭 포인트

1. 책 읽어주기는 독서습관을 만드는 좋은 방법이 될 수 있다.

2. 책을 읽으라고 지시하지 말고 책을 읽고 싶은 마음이 들게 하라.

오해와 편견

독서는 다만 지식의 재료를 줄 뿐,
그 자신의 것을 만드는 것은 사색의 힘이다.

— 로크

한 초등학교 5학년 학생을 코칭할 때의 일이다. 독서습관을 들일 필요가 있어서 아이와 상의해 책을 일주일에 3권씩 읽기로 하였다. 아이는 자신이 한 달에 3~5권의 책을 읽고 있는데 일주일에 3권이면 그전보다 훨씬 많은 책을 읽게 되는 것이라며 자랑스러워했다. 자기도 독서가 중요하고 도움이 된다는 사실을 잘 알고 있으며 본인의 독서량이 적었다며 부끄러워했다.

사실 코칭을 하면서 이런 학생을 만나는 건 행운이다. 그런데 아이는 독서를 하기로 하면서 나에게 "독후감도 써야 하나요?" 하고 물었다. 으레 책을 읽으면 독후감을 써야 한다고 교육을 받았기 때문이다. 이 아이는 알고 보니 독후감 때문에 독서 흥미가 떨어졌던 것이다. 그래서 독후감은 쓰지 않아도 된다고 말하고 그 대신 책 제목과 출판사, 지은이 정도만 기록하고 우선 책을 열심히 읽는 데 주력하게 하였다.

독서습관이 형성되기도 전에 성급하게 독후감을 쓰게 하는 것은 자칫 독서에 대한 흥미를 떨어뜨릴 수 있으므로 주의해야 한다. 아이에게 책을 읽은 후 독후감을 쓰게 하거나 그림을 그리도록 하는 방법도 좋지만, "너라면 어떻게 했겠니?" 하며 아이와 이런저런 이야기를 나누는 것도 좋은 방법이다.

대개 초등학교 3~4학년을 경계로 책을 '잘 읽는 아이'와 '안 읽는 아이'로 나뉜다. 이때까지 책 읽기 습관을 들이지 못했다면 다양한 방법으로 책에 친해지도록 이끌어줘야 한다. 또래 아이들과 독서동아리를 만들어주는 것도 유용한 방법이 될 수 있다. 동아리 활동은 친구들과 함께 책을 호흡하고 나눌 수 있기 때문에 자연스럽게 책을 접할 수 있다.

"책이 하나도 재미없어요"

초등학교 4학년인 준영이는 학습 능력이 보통 이하 수준이다. 영어와 수학 학원을 다니고 있는데 영어 수업의 레벨이 높아 수업을 따라가기 힘들다고 푸념을 한다. 그러나 엄마의 뜻을 거스르지 않고 잘 따라하려는 착실한 아이이다. 학원 숙제가 많아서 책 읽을 시간은 별로 없었고 책도 잘 읽지 않는 편이다. 자연히 책과는 멀어지고 있는 상황이었다.

어느 날 준영이가 이미륵의 《압록강은 흐른다》를 읽고 있었다. '준영이가 읽기에는 아무래도 힘들지 않을까' 하는 생각에 책 내용이 어떤지 물어보았다.

"책 재미있니? 읽을 만해?"

"아뇨, 재미 하나도 없어요."

원망과 분노가 섞인 표정이었다.

"그런데 왜 읽어?"

"권장도서라서 엄마가 읽으래요."

화가 잔뜩 난 표정으로 말한다.

"그래? 엄마가 왜 갑자기 그러시지?"

"지난주에 엄마가 안방에서 갑자기 저를 부르셨어요. 하도 급하게 불러서 저는 엄마가 다친 줄 알았어요."

그래서 엄마한테 뛰어 갔더니 손을 잡으면서 "준영아. 너, 이제부터 책 좀 많이 읽어야겠다"라고 하시는 거였다. 엄마가 학원 설명회를 갔는데 '책을 많이 읽는 아이가 공부도 잘한다'는 이야기를 듣게 되었고, 마음이 급해진 엄마는 준영이를 붙들고 책을 많이 읽으

거꾸로 학습코칭

라고 했던 것이다. 그러고 나서 며칠 후 엄마는 신문에 실린 권장도서를 보고 책을 잔뜩 사오셨다. 하지만 안타깝게도 준영이는 권장도서 대부분을 읽을 수준이 안 되었다. 그러니 읽는 것이 고역이었고, 화가 잔뜩 나있었던 것이다.

무조건적인 책 읽기는 아이가 소화해내기 어렵다. 아이가 자신의 수준에 맞지 않는 책을 읽게 되면 아이는 학습과 독서에서 더 멀어질 것이다. 준영이 엄마는 무턱대고 책을 사주고 읽으라고 할 것이 아니라 준영이가 책을 잘 읽을 수 있도록 도와줬어야 했다. 아이에게 책을 권하면서 엄마도 함께 읽는다면 더 적극적인 독서지도를 할 수 있다.

1. 책이 가까이에 있는 환경이어야 한다.

책을 잘 읽는 아이들은 그렇지 않은 아이들에 비해 집에 책이 더 많다. 학교에서 학급문고를 운영하는 등 교실에 읽을거리가 풍부하면 아이들은 독서를 더 많이 한다. 학교 도서관의 좋은 읽기 환경도 더 많은 독서를 하게 한다. 따라서 계획적으로 자주 도서관에 데리고 가면 독서 습관에 좋은 영향을 준다. 고등학교 학생들도 교사가 자주 도서관에 데리고 가자 더 많이 독서했다는 연구 결과가 있다.

2. 소리 내어 책을 읽어주면 더 많이 읽는다.

독서에 열성적인 아이들은 일반적으로 어렸을 때 '부모의 책 읽어주기'를 경험한 것으로 나타났다. 책 읽어주기는 초등학생뿐만 아니라 대학생에게도 긍정적인 영향을 미친 것으로 나타났다. 독서 준비가 덜 된 대학생들에게 13주 동안 1주일에 1시간씩 책을 읽어주고 토의하게 하였더니 비슷한 수준의 다른 클래스 학생들보다 더 많은 양질의 책을 대출하였고 에세이 평가에서도 더 좋은 성적을 받았다고 한다.

3. 특별히 기억에 남는 책을 만들어주자.

단 한 번의 매우 긍정적인 책 읽기 경험이 책과 친하지 않았던 사람을 열성적인 독자로 만들 수 있다. 독서를 잘하는 아이들은 대부분 책 읽기에 흥미를 갖게 한 특별한 책이 있다고 고백한다. 어떤 책이 아이에게 특별한 경험을 주게 될지는 아무도 모른다. 그러므로 아이에게 다양한 독서 기회를 주어야 한다.

4. 다른 사람의 책 읽는 모습은 독서 동기를 올려준다.

아이들은 집이나 학교에서 다른 사람이 책을 읽는 모습을 보게 되면 더 많이 책을 읽게 된다. 학교에서도 교사가 자주 읽는 모습을 보여주면 그렇지 않은 교사의 학생들보다 더 많이 책을 읽는 것으로 확인되었다. 부모가 책을 더 많이 읽는다면 자녀의 독서 시간은 더 늘어날 것이다.

5. 책을 읽을 수 있는 시간을 주면 자발적으로 읽는다.

아이들에게 단지 책 읽을 시간을 주는 것만으로도 더 많은 독서를 하게 할 수 있다. 학교에서 일정 시간을 정해 독서를 하도록 하면 아이들은 독서 시간 외의 시간에도 더 자주 책을 읽을 것이다.

6. 읽고 싶은 책을 스스로 골라 읽는 것이 중요하다.

책의 내용이 이해하기 힘들거나 재미없으면 역효과를 가져올 수 있다. 따라서 아이들이 자기에게 맞는 책을 읽을 수 있도록 도와주어야 한다. 이런 경험이 쌓이면 읽고 싶은 책을 스스로 골라 읽고 거기에서 즐거움을 만끽할 수 있다.

지혜의 기술

일반적으로 독서를 잘하는 아이들이 공부를 잘한다. 하지만 항상 그런 것은 아니다. 수업시간에 배우는 교재는 대부분 비문학으로 구성되어 재미없고, 쉽게 읽히지도 않는다. 앞에서 〈책 쓰기 프로그램〉에 참여했던 학생의 "동화책은 재미있게 잘 읽었지만, 교과서를 읽을 때는 15분쯤 지나자 머리가 아파왔다"는 경험은 문학 중심의 책 읽기와 비문학 위주의 교과서 읽기 사이에 어떤 간격이 있다는 것을 말해준다. 따라서 배움에 흥미를 잃고 교과서나 비문학 책을 읽기에 어려움을 겪는 학생들은 적절한 읽기 코칭이 필요하다.

"공부하는 거 너무 힘들어요."

창민이를 처음 만난 건 중학교 2학년 겨울방학 때였다. 창민이를 소개해준 분이 "너무 어려운 애를 소개시켜드려 죄송해요"라고 말했을 정도로 학업에 대한 의지와 자신감이 바닥이었던 학생이다.

창민이는 중학교 첫 시험 성적이 너무 안 좋아서 성적표를 보여주지 않았고, 성적표를 몰래 본 아버지는 충격이 꽤 컸다. 창민이 아빠는 창민이와 함께 집 근처 공원에 가서 성적에 대해 이야기를 나누었다.

"창민아, 아빠는 네가 공부를 아주 잘하기를 바라지는 않아. 그런데 이건 좀 심한 거 아니니? 중간 정도만 해도 아빠는 만족이다."

"아빠, 저 정말 공부를 잘하고 싶은데요, 그게 잘 안 돼요. 이럴 바에는 15층에서 떨어져 죽어버렸으면 좋겠어요."

아이의 말에 충격을 받은 아빠는 엄마와 상의한 끝에 아이를 그냥 내버려두기로 하였다. 그런데 그렇게 내버려두자 아이의 성적은 더 떨어졌다. 하지만 중3을 앞두고 더 이상 내버려둘 수 없다고 판단한 엄마는 코칭을 의뢰하기로 하였다.

예상은 했지만 창민이는 처음부터 완강하게 수업을 거부했다.

그래서 나는 무슨 이유로 수업을 거부하는지 물었다.

"수업을 안 하려고 하는 특별한 이유라도 있니?"

"저, 공부하고 영어단어 외우고 이런 거 힘들어서 이제 안 하려고요."

"음, 나하고의 수업은 그런 거 하는 거 아니야. 난 영어 선생님도 아니고. 하지만 나는 많은 학생들을 만나고 있고 그들이 뭘 고민하고 또 뭘 원하는지를 알아. 아마 부모님이 해주지 못하는 부분도 내가 해줄 수 있을 거야. 네가 말한 것처럼 나도 학교 다닐 때 엄청 공부를 싫어했어. 아빠하고 사이가 안 좋았거든. 그래서 아빠 때문에 내가 공부를 못하는 거라고 생각했어. 하지만 그게 아니었어. 지금은 그 이유를 알아."

"그 이유가 뭔데요?"

"그건 말이야. 나도 그때는 몰랐는데 나한테 꿈과 목표가 없었어. 왜 공부를 해야 하는지 잘 모르겠더라고. 그래서 많이 방황하고 짜증도 내고 부모님께 반항하기도 했지."

"선생님도 그런 때가 있었어요?"

"그럼, 아주 심각했다니까. 그래서 요즘은 아이들 만나면 꿈을 갖자고 얘기하고 있어. 선생님과 함께 꿈을 찾아보자고 얘기를 하지. 만약 우리가 공부해야 할 확실한 이유가 생긴다면 어려운 공부도 더 잘해나갈 수가 있을 거야. 난 너에게 그 꿈으로 안내할 거고 또 꿈을 이루는 공부를 할 수 있도록 도울 거야. 물론 전에도 학원이나 과외를 하면서 도움을 받기도 했겠지만 나는 너의 속도에 맞출 거고 일방적인 지시나 명령이 아니라 함께하는 동반자가 되어 이끌어 줄 거야. 어때 할 수 있겠지?”

“네, 그러면 이제 어떻게 해야 하죠?”

“음, 다음 시간에는 내가 PPT 자료를 가져와서 함께 꿈과 목표에 관한 내용을 공부할 거야. 이건 학교에서도 배울 수 없는 내용인데, 난 너의 코치니까 특별히 하는 수업이야. 기대해도 좋아.”

“그럼, 다음주까지는 아무것도 안 해도 되나요?”

“왜? 숙제가 없으니까 불안하니? 불안해할 필요 없어. 숙제가 있으니까. 다음주까지 네가 잘하는 거나 장점, 강점 이런 걸 생각해봐. 많을수록 좋겠지? 기억이 안 날 수도 있으니 메모를 해두도록 해.”

“숙제가 간단해서 좋네요.”

“하지만 열심히 해야 한다.”

일주일 후에 만났을 때 창민이는 자신의 장점을 적은 종이를 내밀었다. 창민이는 축구나 음악, 기타연주 등 예체능 쪽에 관심이 많았고 그쪽에 강점이 있었다. 하지만 학교에서는 그런 장점을 드러낼 기회가 별로 없었고, 학업 성적이 낮아 자존감도 많이 낮은 상태였다.

나는 창민이의 기타 실력을 보고 싶었다. 그래서 한번 연주해보라고 했다. 아니나 다를까 자신 있는 것이어서인지 바로 폼을 잡고 연주에 몰두했다.

"야, 제법인데. 멋진 걸. 나도 학교 다닐 때 기타를 배울 기회가 있었는데 그때 안 배워서 후회가 돼."

칭찬을 한 후 예정된 꿈과 목표에 대한 수업을 하였다. 자신의 진로에 대해 얘기를 하자 눈빛이 반짝 빛이 났다.

그렇게 꿈과 목표, 진로, 자신감 갖기, 긍정적인 자아 이미지 만들기 등의 수업을 하자 창민이가 공부에 대한 고민을 털어놓았다. 수업시간에 무슨 말을 하는지 못 알아듣겠고 집중도 되지 않아 힘들다는 것이었다. 고등학교도 가야 하는데 너무 늦은 것 아니냐며 한숨을 지었다.

"그래? 공부를 잘하고 싶구나. 그럼, 뭐가 문제인지 한번 알아보자. 혹시 교과서 있니?"

"네, 국어하고 영어하고 국사하고……."

"그래, 그럼 국사 교과서를 한번 읽어보자."

나는 국사 교과서를 펴고 조선 전기의 한 부분을 소리 내어 읽도록 했다. 얼마나 텍스트를 이해하고 있는지, 소화할 능력이 있는지를 보기 위함이었다. 창민이는 책을 읽기 시작했다.

"태종은 왕권을 강화하기 위해 사병을 혁파하고 조세를 징수하고 노비안검법을 실시하였다……."

창민이는 책을 읽을 때 많이 더듬었고 발음도 부정확하였다. 그래서 확인을 위해 질문을 하였다.

"그런데 아까 그 '사뺑' 말이야. 사뺑이 뭐지?"

"글쎄요? 잘 모르겠는데요?"

교과서를 보니 '사병'을 '사뺑'으로 읽은 것이다. 일단 적힌 대로 사병으로 읽으라고 말한 뒤, 읽은 내용을 노트에 적어보라고 하였다. 짧은 글을 읽고 어느 정도 기억을 하는지 보기 위함이었다. 잘못 적은 단어가 눈에 들어왔다.

"음, 여기 조세장수라고 있는데, 조세장수는 뭐야?"

"네, 저…… 군인 아닌가요? 잘 모르겠네요."

장수라는 말에 군인을 생각한 모양이다. 다시 책을 보라고 했더니 장수가 아니라 징수임을 확인하고 겸연쩍게 웃는다.

"그런데 아까 보니까 자꾸 책을 읽을 때 더듬던데 글씨가 잘 안 보이니? 아니면 읽을 때 마음이 좀 급한 거니?"

"네, 마음이 좀 급해요. 빨리 빨리 읽어야 할 것 같아서 마음이 조급해지니까 자꾸 더듬게 되네요."

"음, 그렇구나. 일단 교과서 같은 책은 소설책이 아니니까 내용을 잘 알기 위해서는 천천히 읽을 필요가 있어. 그래야 무슨 내용인지 알 수가 있지. 그리고 아무리 천천히 읽어도 모르는 단어가 많이 있으면 의미를 파악하기가 어려워. 단어의 뜻을 아는 것도 중요해. 아, 그렇다고 너무 겁먹을 필요는 없어. 그래서 코치가 있는 거 아니겠니?"

창민이를 안심시킨 뒤 사전을 가져오게 해서 본격적으로 읽기 수업을 진행하였다. 우리는 매주 만날 때마다 교과서를 한 페이지 정도 읽고 모르는 낱말의 뜻을 교과서에 옮겨 적었다. 그러고는 의미를 생각하며 다시 천천히 읽게 하였다. 책을 읽을 때면 좀 천천히 읽으라고 옆에서 알려주었다. 다시 한 번 중요하다고 생각되는 곳에 밑줄을 그으면서 읽으라고 하였다. 밑줄을 긋고 읽자 나는 천천히 잘 읽었다며 칭찬해주었다. 그러고는 읽은 내용을 생각나는 대로 적어보라고 했다. 최대한 자세하게 적으라고 하고 생각이 잘 나지 않으면 천천히 머릿속에 떠올려보라고 했다. 그런 다음 다시 교과서를 읽고 아까 생각나지 않았던 부분을 보충해서 적게 하고, 중요한 내용은 외우면서 다시 한 번 읽으라고 했다. 다 읽고 나서 다시 노트에 옮겨 적게 했다.

창민이는 여러 번 반복하니 '힘들기는 하지만 기억도 되고 이해도 더 잘 되는 것 같다'며 좋아했다. 그러던 중 어느덧 중간고사가 다가왔다. 그런데 창민이는 아직 국사책 읽기 공부를 시험 범위까지 끝마치지 못했다. 한 페이지 소화하는 것도 시간이 많이 걸렸기 때문에 아직도 1/3이나 남아 있었다. 시험은 일주일 후였다.

"창민아, 아무래도 나머지 부분은 네가 혼자서 해야 할 것 같아. 지금까지 해오던 대로 하면 돼. 어때 혼자서도 할 수 있겠지?"

"네, 한번 해볼게요."

시험이 끝나고 일주일 후에 나는 다시 창민이를 만났다.

"창민아 국사는 시험 범위까지 다 마쳤니? 한번 공부한 흔적 좀 볼까?"

책을 보니 책이 거의 걸레가 되어 있었다. 여러 색깔의 펜으로 밑줄을 그으며 반복해서 읽고 또 읽었던 것이다.

"그래, 열심히 노력했구나. 노력한 만큼 결과도 잘 나왔으면 좋겠는데. 시험 결과는 어때?"

"네, 국사 두 개 틀렸어요."

만족스러운 표정으로 환하게 웃는다.

"저, 그런데요. 고민이 생겼어요."

"뭐지?"

"그러니까 모든 과목을 이런 식으로 공부해야 하는 거잖아요. 이렇게 보고 또 보고 또 보고……."

"그래 맞아. 반복의 가치를 알아낸 걸 보니 공부에 대한 중요한 수수께끼 하나를 푼 것 같구나. 이제 우리는 다른 과목에도 이런 방식을 적용할 거야. 천천히, 하지만 꾸준히 알겠지~"

창민이와의 수업은 그렇게 1년간 계속되었다. 창민이는 시간이 흐를수록 공부 방법과 요령을 터득해갔다. 공부의 기술을 지혜롭게 하나 둘씩 깨달아갔던 것이다.

창민이는 학습이 부진한 학생에게서 일반적으로 볼 수 있는 사레다. 학습동기 부족과 기초학습 능력 저하로 인한 의욕상실의 악순환. 이런 아이들은 교과서를 제대로 읽을 수 있도록 해주고 읽는 과정에서 알아가는 재미를 느끼게 해주는 것이 좋다. 그리고 천천히 하는 공부를 통해 모르는 내용이 나오면 정확하게 알고 넘어가는 습관을 갖도록 하는 것이 필요하다.

영어 교과서 슬로 리딩

중2 민지에게 영어 교과서를 한번 읽어보라고 했다. 이미 수업시간에 배운 내용이고 시험 때 공부했던 부분이라 어떻게 읽는지 보고 싶었다. 그런데 읽는 것을 보니 중1 수준의 어휘도 제대로 소화하지 못하고 있었다. 그러니 학교 수업은 무슨 말인지 모르는 부분이 많을 것이고, 수업시간은 아마도 견디기 힘든 시간일 것이다. 지금 상태라면 시간이 갈수록 영어가 더 어려워질 것이다. 민지에게 영어가 왜 그렇게 어려운지 물었다.

"문법이 너무 어려워요. 도대체 무슨 말인지 모르겠어요."

초등학교 땐 회화 중심으로 하기 때문에 그런대로 따라가지만 중학교부터는 수업시간에 문법 비중이 높아져 흥미를 잃고 포기하는 학생들이 생겨난다.

"그래 그렇기도 하겠네. 그런데 우리말은 문법을 몰라도 잘하고 있잖아. 문법을 몰라도 영어를 잘할 수 있는 방법이 있는데 한 번 해볼래?”

“문법을 알아야지 어떻게 문법을 모르는데 영어를 잘해요?”

“물론 문법을 잘 알아야 하지. 하지만 영어도 말이기 때문에 자주 사용하면 언어의 규칙이 나도 모르게 몸에 배게 되지. 그러니까 넌 우선 영어 사용 횟수를 늘려야 한다는 거야. 교과서를 더 많이 반복해서 읽을 필요가 있다는 얘기지.”

“책을 얼마나 읽어야 하는데요.”

반신반의하는 표정으로 묻는다.

“책을 매일 읽고 읽은 걸 노트에 한 번 써야 해. 우선 제대로 읽는 것이 중요하고 그걸 옮겨 적으면서 단어나 어순을 정확하게 익히는 거지. 일단 네가 영어를 너무 어려워하니까 학습량을 늘리는 것보다는 할 때 제대로 하는 것이 중요하고.”

“다 노트에 적으라구요? 언제 다 적어요…….”

“물론이야. 안 하던 걸 하려니 엄두가 안 나겠지만, 해보면 별로 어렵지 않아.”

“일단 해볼게요. 어떻게 하면 돼요?”

“우선 본문을 읽을 수 있어야 해. 읽는 건 내가 도와줄게. 그리고 읽는 것이 익숙해지면 그 과의 본문하고 문법 구문을 매일 한 번씩 쓰는 거야. 쓰면 집중이 되고 단어를 정확하게 쓸 수 있는 힘이 길러지지. 이걸 교과서 진도와 함께 계속하는 거야. 학교에서 4과를 하면 4과를, 5과를 하면 5과를 읽고 써 나가는 거지. 물론 중간에 지난 과(lesson)를 쓰게 될 수도 있어. 그건 선생님이 그때 기서 말해줄게."

"그럼, 오늘은 4과를 읽어야겠네요."

"그렇지 한번 읽어봐. 틀려도 좋으니 크게 읽어봐. 그래야 내가 고쳐줄 수 있으니까."

그렇게 민지와 영어 코칭이 진행되었다. 그리고 매일 읽고 쓰기를 반복하였다. 그러던 어느 날 민지가 한 가지 제안을 했다.

"선생님, 그런데 단어도 좀 외워야겠어요."

"왜?"

"자꾸 읽다 보니까 뜻도 궁금하고요. 조금씩 해석이 되는 것 같아서요."

"그래, 그럼 오늘부터는 단어 테스트를 좀 해볼까? 10분 동안 시간을 줄 테니 지금 공부하고 있는 과(lesson)의 단어를 외워."

민지는 영어 교과서를 자주 읽으면서 단어 뜻이 궁금해졌고, 자연스럽게 단어를 확인하며 외우게 되었다. 만약 처음부터 단어와 문법을 외우게 하고 문제를 풀게 했으면 민지는 영어의 어려움에서 벗어나기 힘들었을 것이다.

이런 학생들은 정말 다시 시작하는 마음으로 천천히 기초부터 밟아나가야 한다. 부모들은 자녀의 상태를 정확하게 알고 소걸음으로 천리를 간다는 마음으로 임해야 한다. 민지는 매일 정해진 분량을 반복적으로 공부하며 영어에 대한 자신감을 회복하고 있었다.

중하위권 학생들은 학습의 상태가 총체적 부실인 경우가 대부분이다. 많이 뒤처진 상태라 부족한 부분을 보충하는 데도 상당한 시간이 필요하고, 공부습관이 형성되지 않아 막상 책상 앞에 앉으면 힘들어하는 이중고에 시달린다. 그들의 그런 입장을 부모들이 충분히 이해하여 현실적인 노력을 함께하여야 한다.

이렇게 공부하던 민지가 2달이 지날 때쯤 한 가지 고백을 하였다.

"근데 자꾸 쓰다 보니까 조금씩 외워지는 것 같아요."

"그래? 그럼 우리 교과서를 외워볼까? 공부 잘하는 애들은 교과서를 외우면서 한다잖아."

"예? 교과서를 어떻게 외워요?"

"겁낼 것 없어. 지금 다 외우는 게 아니고 조금씩 나눠서 하면 돼. 오늘은 일단 3문장만 외워볼까? 먼저 첫 번째 문장을 외우고, 그 다음에 두 번째 문장을 외우고, 그 다음엔 첫 번째·두 번째 문장을 한꺼번에 외우고, 마지막으로 세 번째 문장을 외우고 나서, 첫 번째 문장부터 세 번째 문장까지 한꺼번에 외우면 돼. 그렇게 되면 첫 번째 문장은 몇 번 외우게 될까?"

"세 번 외우게 되는 거 아닌가요?"

"맞아. 그럼 이제 해보자!"

그동안 반복해서 읽고 쓴 덕택에 암기는 별로 어려워하지 않았다. 민지는 성취감을 느끼며 학습동기가 많이 향상되었고 점점 자신감을 갖고 공부에 임할 수 있었다.

거꾸로 학습코칭 포인트 

1. 배움에 흥미를 잃고 교과서나 비문학 책 읽기에 어려움을 겪는 학생들은 적절한 읽기 코칭이 필요하다.

2. 교과서 천천히 읽기 연습을 통해 공부 방법을 익히고 학습습관을 정착할 수 있다.

게임의 규칙

북경에서 학습코칭 강의가 있던 날, 대기업에 다니는 한 분이 자녀 문제로 상담을 요청하였다. 초등학교에 다니는 아들이 책 읽는 것을 좋아하기는 하는데, 너무 건성으로 읽어 걱정이라고 했다. 천천히 읽으라고 해도 후다닥 읽는 바람에 내용도 잘 이해하지 못하는 것 같고 그런 습관 때문에 시험 때도 실수를 많이 한다는 것이었다. 그래서 그런지 생각도 깊지 않은 것 같다고 하소연을 해왔다. 바쁜 일정이었지만 시간을 내어 아이를 한번 만나보기로 했다. 아이의 이름은 하우티엔이고 초등학교 4학년이었다.

먼저 아이의 상태를 파악하기 위해 간단한 설문을 하였다.

하우티엔 설문 내용

1. 좋아하는 과목은? 체육, 미술, 영어, 과학

2. 장래 희망은? 수영선수

3. 재미있게 읽은 책? 개구쟁이 아이 일기

4. 내가 이루고 싶은 소원은?

　수영선수가 되고 싶다. 100점을 맞고 싶다. 책을 많이 가졌으면

　좋겠다.

5. 내가 가장 행복할 때는? 친구랑 놀 때

6. 내가 가장 아끼는 것은? 책

7. 나는 공부가? 재미있다.

8. 내가 화날 때는? 100점을 맞지 못했을 때

9. 내가 동물로 변한다면? 여우

　그 이유는? 똑똑해서

10. 내가 가장 만나고 싶은 사람은? 삼촌

설문 내용을 보니 학습에 대한 의욕이 높고 독서를 좋아하는 것으로 보아 태도와 습관을 잘 지도하면 좋은 결과가 나올 수 있을 거라 판단이 되었다. 하우티엔은 과목마다 백점을 맞고 싶다고 얘기

했다.

"100점을 맞고 싶은데 그게 안 돼서 속상하겠구나."

"문제를 잘못 이해하는 경우가 많아요."

"하우티엔, 그래서 내가 너한테 한국의 일부 학생들에게만 특별히 전수해주고 있는 공부 방법을 알려주려고 해. 정말 숨겨진 비법 중의 비법인데, 한번 배우고 싶지 않니?"

"비법이요? 네, 배우고 싶어요."

하우티엔은 눈을 동그랗게 뜨며 대답했다.

"하우티엔, 만약 네가 이 방법을 전수 받으면 너는 중국에서 두 번째로 이 방법을 전수 받게 되는 거야."

"네, 정말요? 어서 시작해요. 근데 첫 번째로 전수 받은 애는 누구예요?"

"네 친구 쑈민. 걔는 벌써 전수 받았어."

나는 웃으면서 얘기했다.

친구가 벌써 전수 받았다는 말에 자극을 받았는지 빨리 시작하자고 재촉했다. 나는 진지한 표정으로 하우티엔 앞으로 바짝 다가앉았다. 그리고 목소리를 살짝 낮추며 아이의 눈을 쳐다보며 비밀스럽게 얘기를 했다.

"하우티엔, 이건 말이야…… 천천히 읽는 게 핵심이야. 천, 천, 히. 알겠어?"

"네." 하우티엔 고개를 끄덕이며 대답하였다.

“어떻게 읽는 거라구?” 나는 다시 물었다.

“천, 천, 히요.” 하우티엔은 또박또박 대답했다.

“그래, 잘 알고 있구나. 그럼 이제 책을 한번 읽어볼까? 교과서를 한번 천천히 읽어보자. 평소에 읽는 속도보다 조금 천천히 말이야. 읽을 때 ‘무슨 내용일까?’, ‘잘 이해해야지’ 하는 마음으로 읽는 거야.”

“자, 내가 시간을 재볼게. 내가 ‘시작’이라고 하면 교과서를 읽는 거야, 알겠지?”

나는 읽을 분량을 정한 다음에 ‘시작’과 함께 읽으라고 했다. 하우티엔은 천천히 책을 읽기 시작했다. 나는 중간에 “천천히 읽고 있지?”, “천천히 잘 읽네”라고 얘기해주었다. 이윽고 다 읽고 나자 하우티엔은 내게 물었다.

“시간이 얼마나 걸렸어요?”

내가 시간을 재는 걸 보더니 궁금했던 모양이다.

“응, 2분 30초야.”

“잘한 건가요?”

“응, 이 정도면 웬만한 학생보다는 나아. 역시 나는 운이 좋아. 좋은 학생을 만난 것 같아.”

나는 하우티엔을 칭찬하며 동기를 자극했다.

“자, 하우티엔. 방금 읽은 거는 다 이해했니?”

“아뇨, 아직 다 이해하지 못했는데요.”

"그래, 공부를 잘하는 학생도 한 번 읽고 다 아는 사람은 없지. 그래서 한 번 더 읽어야 되는 거야. 이번에는 아까 기록을 깰 수 있겠어?"

"네, 깰 수 있어요." 아이는 승부욕이 발동되는 것 같았다.

"그래? 그럼, 어느 정도 시간이 걸릴 것 같아?"

"한, 2분 10초요." 각오를 단단히 한 눈빛이었다.

"그래? 그러면 지는 거야."

"네? 왜요?"

"게임의 규칙이 뭐였지?"

그제야 알았다는 표정으로 "천, 천, 히, 요."

"그렇지. 그럼, 어떻게 해야지?"

"아, 알았어요. 3분을 넘겨볼게요."

"좋아, 한번 해보자. 그런데 이번에는 펜으로 중요한 곳에 밑줄을 그으면서 읽어보자. 네가 쓰고 싶은 펜을 직접 골라보렴."

아이는 자기가 원하는 색깔의 펜을 골랐다.

"자, 그럼. 두 번째 도전이야. 시작~"

아이는 이번에도 천천히 읽으려고 애쓰면서 책을 읽어나갔다. 다 읽고 나자 다시 물었다.

"시간이 얼마나 걸렸어요?"

"응, 3분 10초야. 아까보다 많이 좋아졌는걸. 집중을 아주 잘했어. 천천히 잘 읽는구나."

아이는 게임이 아주 재미있는 눈치였다. 사실 이것은 게임이 아니었는데도 아이는 게임처럼 즐기고 있었다.

"자, 두 번 읽으니 어때? 완전히 이해가 됐어?"

"아뇨. 아직도 이해 안 되는 게 있어요."

"그래? 다른 학생들도 그래. 이번에는 마지막으로 한 번만 더 천천히 읽어보자. 이번에는 네가 선생님이 돼서 친구들을 가르친다는 생각으로 읽어봐. 아이들에게 무엇을 가르칠까 생각하면서 읽으면 돼, 알겠지?"

"네, 알겠어요. 이번에도 천천히 읽어야죠?"라고 말하여 천천히 읽기 시작했다. 이번에도 두 번째와 비슷하게 시간이 걸렸다.

"선생님이 돼서 읽으니까 어때?"

"뭘 가르칠까 생각하면서 읽으니까 되게 가르칠 게 많더라고요. 안 중요한 것도 가르쳐야 하잖아요?"라고 진지하게 말했다.

"음, 역시. 새로운 걸 발견했군. 이제는 읽은 내용을 많이 이해했어?"

"네, 처음보다 훨씬 많이 이해했어요."

"그래, 그러면 이해한 것들을 내게 설명해볼래? 선생님처럼 잘 설명해봐"라고 했더니 하우티엔은 정말 열심히 설명하기 시작했다.

"음, 열심히 설명해줘서 고마워. 머리에 쏙쏙 들어오는데!"

"그럼 이번엔 방금 설명한 것을 노트에 적어 볼 수 있겠어?"라고 했더니 한 번 설명했던 터라 노트에 잘 옮겨 적었다.

"하우티엔, 잘 했어. 역시 너는 선생님의 두 번째 중국 제자답구나. 어때 이 방법이 공부에 도움이 되는 것 같아?"

"네, 좋은 방법 같아요. 잘 이해되고 기억도 잘 나요."

"그럼, 내일 한 번 더 만나자. 내가 곧 한국으로 돌아가야 하니 그 전에 한 번 더 같이 훈련해보자."

다음날 하우티엔은 어제와 같은 훈련을 한 번 더하고 집으로 돌아갔다.

그로부터 한 달 뒤 나는 다시 북경에 갔다. 그때 하우티엔의 소식을 들을 수 있었다. 하우티엔은 집으로 돌아가자마자 천천히 읽기를 실천했다고 한다. 엄마가 아무리 천천히 읽으라고 해도 듣지 않던 아이가 갑자기 천천히 읽는 모습을 보고 놀랐다고 한다. 하우티엔은 집에서 책을 천천히 읽으면서 엄마에게 이렇게 말했다고 한다.

"엄마, 책은 천천히 읽는 거예요. 저는 이 방법을 중국에서 두 번째로 전수 받았어요."

학습코칭에서 가장 중요한 것은 학생의 동기를 충만하도록 끌어내 주는 것이다. 만약 내가 '한국에서 특별히 전수되는 비법'이라는 말과 '중국에서 두 번째로 전수하는 것'이라는 말, 그리고 '진지한 표정으로 나지막이 말하는 것'을 하지 않았다면 하우티엔은 이 방법에 그리 흥미를 느끼지 못했을 것이다.

또한 읽을 때마다 '이해하면서 읽기', '중요한 내용에 밑줄 그으면서 읽기', '선생님이 돼서 가르칠 내용 생각하기' 등의 새로운 미션을 주지 않았다면, 역시 책을 읽으면서 '천천히' 읽을 동기를 유지하지 못했을 것이다.

한 단계가 끝날 때마다 '집중을 잘 했다', '천천히 잘 읽었다', '점점 좋아지고 있다'는 칭찬과 격려를 하지 않았다면 역시 중간에 포기하거나 집중력이 급속히 떨어졌을 것이다. 그래서 나는 계속해서 격려와 칭찬을 아끼지 않았고 매번 다른 미션을 제공하고, 결정적으로 이것이 '게임'이라는 생각을 갖도록 했다. 덕분에 하우티엔은 게임에서 이기기 위해 의도적으로 더 천천히 읽으려고 노력했던 것이다.

그리고 두 번째 단계에서 중요한 부분에 밑줄을 긋는데 하우티엔에게 원하는 색깔의 펜을 고르라고 했다. 굳이 그럴 필요까지는 없었지만 그렇게 한 이유는 자기가 펜을 선택함으로써 스스로 이 게임을 주도한다는 느낌을 주기 위해서였다. 일방적으로 공부하라고 지시받은 아이들은 시간이 지날수록 무기력해지거나 반항하는 모습을 보이게 된다.

자기주도학습에서 중요한 것은 학생 스스로 주도한다는 '느낌'이다. 아이의 안에서는 자신의 일을 주도하고픈 마음이 샘물처럼 솟아오르는데 부모나 교사가 의무적으로 시키거나 억지로 공부하라고 하면 주도성에 상처를 받게 된다. 그럼 아이들은 공부를 거부하게 될 것이다.

프로젝트 수업이나 거꾸로 수업에서 아이들이 능동적인 참여를 하는 것은 아이들이 스스로 수업을 주도하도록 이끌기 때문이다. 따라서 아이의 수준과 역량을 고려하여 적절하게 주도권을 주어야 한다.

나는 하우티엔에게 교과서의 개념을 설명하거나 잘 읽는 방법과 노트 필기법, 기억하는 법 등을 따로 가르쳐주지 않았다. 다만 여러 번 읽을 수 있는 계기를 마련해주었고 칭찬과 격려를 해주었을 뿐이다. 여러 번 반복하는 과정에서 하우티엔 스스로 공부 방법을 익히고 자신만의 방법을 찾게 되었다.

아이의 내부에 무한한 가능성과 배울 수 있는 충분한 지능이 이미 갖춰져 있기 때문에 선생님은 개념 등에 대한 설명을 최소화하고 공부 환경을 만들어주기만 하면 아이들은 스스로 혹은 동료들과 함께 배울 수 있다.

천천히 읽기 순서

1. 내용을 이해(생각)하며 천천히 읽는다.

2. 중요한 내용에 밑줄을 그으며 천천히 읽는다.

3. 내일 선생님이 돼서 가르친다고 생각하며 천천히 읽는다.

4. 시험문제를 출제한다고 생각하면서 표시하며 천천히 읽는다.

5. 중요한 내용을 기억하면서 천천히 읽는다.

6. 책을 덮고 내용을 적어본다.

＊ 학생의 수준에 따라 3~5번은 줄이거나 생략할 수 있다.

명백한 증거

PART 4 슬로 리딩 플러스

독서는 경험이 풍부한 인간을, 토론은 재기 넘치는 인간을,
글쓰기는 빈틈없는 인간을 만든다.

— 프랜시스 베이컨

읽기와 쓰기는 함께 붙어야 하는 활동이다. 생각을 글로 쓰게 되면
애매하고 추상적이며 확실치 않은 것들이 명백해지고 정교해진다.
쓰기가 사고를 돕는다는 증거는 많다. 많은 경우 책을 읽기만 하고
쓰지 않은 경우보다 글을 쓴 경우 학업 성적이 더 나았다.

아동 심리학자 제임스 카우프만(Kaufman)은 노트 정리를 체계적
으로 한 집단과 그렇지 않은 집단을 비교하였는데 노트 정리를 체
계적으로 한 집단이 학업성취도가 더 높았으며, 자기효능감의 향상
에도 큰 영향을 미친다는 사실을 밝혔다.(2001)

실제로 쓰기는 국어나 사회과목뿐만 아니라 영어나 수학에서도 학업성취도와 학습동기를 높여주는 중요한 역할을 한다.

"선생님, 수학 문제가 도대체 무슨 말인지 모르겠어요."

반에서 꼴찌를 다투던 중학교 1학년 영만이가 있었다. 영만이는 바둑을 굉장히 좋아하는 학생인데, 초등학교 때까지 바둑학원만 열심히 다닌 결과 학교 성적은 저조한 편이었다.

그런데 막상 중학교에 올라가서 자신의 성적을 확인하고는 스스로 바둑학원을 그만두고, 성적을 올리기 위해 학원에 다니게 되었다. 하지만 워낙 기초가 약한 탓에 학원을 다니면서 너무 힘들다고 엄마에게 고통을 호소하였다. 그래서 나에게 도움을 요청했고 함께 수업을 진행하게 되었다.

영만이는 잘하는 과목이 없었다. 그래서 가장 자신 있는 과목부터 해보자고 하였다. 그랬더니 영만이가 자기는 수학이 재미있으니까 수학부터 하자고 제안을 하였다. 나는 의외의 제안이기는 했지만 영만이가 하자는 대로 수학부터 해보기로 했다.

하지만 첫날부터 수업은 벽에 부딪혔다. 영만이가 그날 수업시간에 배운 내용을 복습하고 문제를 풀겠다고 해서 그렇게 하라고 하였더니 문제를 풀기 시작한지 오래지 않아 괴로운 표정으로 문제 집을 바라보고 있었다.

그래서 "왜, 무슨 어려운 점이라도 있니?"라고 물었다.

"네, 선생님. 도대체 문제가 무슨 말인지 모르겠어요."

표정을 보니 정말 답답해 죽을 것 같다는 인상이었다.

"그래, 뭐가 문제인지 좀 볼까?"

문제는 간단한 수식으로 이뤄져 있었지만 기호가 많이 들어가 있었고, 문제의 각각의 보기에도 기호가 가득 차 있어 영만이가 문제를 어려워하는 것 같았다.

"영만아, 지금 문제에서는 뭘 묻고 있는지 나한테 설명해 줄래?"

"그러니까요, 선생님. 제가 그걸 모르겠어요."

자신의 가슴을 치면서 곧 울음이 터질 것 같은 영만이를 먼저 달래주었다.

"오케이, 자 천천히 생각해보자. 일단 문제가 있는 부분의 앞장으로 가면 거기 기본 개념이 있지? 네가 그게 아직 이해가 덜 돼서 그런 거야. 먼저 그 부분을 천천히 읽고, 이해를 한 다음에 문제를 풀면 어렵지 않게 풀 수 있을 거야. 개념 정리로 가보자."

영만이는 일단 개념정리로 갔다. 그러더니 "그냥 읽어요?"라고 물었다.

"응, 당연히 읽어야지. 그런데 읽는 데도 방법이 있어. 일단 천천히 읽어야 해. 그리고 읽은 다음에는 그게 무슨 뜻인지 자신에게 설명을 해봐. 그런 다음에 노트에 개념을 적어 보는 거야. 자, 시작해볼까?"

영만이는 천천히 읽기 시작했고, 입으로 중얼거리면서 설명을 한 다음, 노트에 개념을 적었다. 그런데 적은 내용이 책의 내용과 비교해서 빈약하였다. 그래서 "책에 있는 내용과 네가 적은 내용을 비교해볼까? 부족한 부분이 왜 생겼는지 생각해 봐."라고 하였다.

그랬더니 "선생님, 한 번 더 해볼게요."라고 한다.

"그래, 한 번 더 읽고 써 보면 훨씬 이해가 잘 될 거야."라고 격려를 해주니 더 열심히 책을 읽는다. 그렇게 다시 읽고 나서 써보기를 하니 훨씬 더 잘 정리를 하였다.

그래서 "그럼, 이제 아까 그 문제를 풀어볼까?" 했더니 '아, 알겠다.' 하는 표정으로 문제를 잘 풀어냈다.

"자, 아까는 이 문제가 어려웠는데 지금은 어떻게 해서 쉽게 풀게 되었지?"

"아까는 개념이 이해가 안 된 상태에서 문제를 푸니까 무슨 말인지 몰라서 어려웠고요. 나중에는 천천히 개념을 읽고 써보고 하니까 이해가 잘돼서, 문제가 무슨 뜻인지 알게 됐어요."

"그래, 그런데 왜 문제부터 풀었지?"

"수학은 문제를 많이 풀어야 잘할 수 있다고 해서요. 문제를 많

거꾸로 학습코칭

이 풀려고 했는데, 쉽지 않네요."

"그럼, 이제 앞으로는 어떤 방법으로 수학을 공부할 거지?"

"네, 우선 책을 읽고 읽은 내용을 노트에 정리해서 확실히 이해를 한 다음, 문제를 풀어야겠어요."

"음, 좋은 생각이야. 수학을 잘하기 위해서는 문제를 많이 풀어봐야 한다는 말이 틀린 말은 아니야. 하지만 먼저 충분히 교과서의 개념을 읽고, 이해한 다음에 해야겠지? 오늘 중요한 사실을 하나 알게 됐구나."

그 다음부터 영만이는 교과서의 개념을 먼저 이해하기 위해 여러 번 읽고, 노트에 정리한 다음에 문제를 풀게 되었다.

실제로 〈개념정리 노트를 활용한 쓰기 활동 수업이 고등학생의 학업성취도와 수학적 태도 및 성향에 미치는 효과(김은희, 2012)〉와 〈수학 노트를 활용한 쓰기 활동이 수학 학습에 미치는 효과(안지민, 2012)〉의 논문을 보더라도 수학 학습에서 '쓰기' 활동이 학생들의 학습동기와 학업성취도에 긍정적인 영향을 미치게 됨을 알 수 있다.

따라서 학교의 수학 수업시간에 문제 푸는 시간만 가질 것이 아니라 '쓰기 활동' 시간을 갖는다면 수업에 대한 참여도가 더 높아지게 될 것이다. 더불어 다른 과목시간에도 수업을 조금 일찍 끝내고 학생들에게 정리할 수 있는 시간을 준다면 학업성취도가 더 많이 오를 것이다.

선생님, 잘 지내고 계시죠?

선생님께 '정형권의 학습코칭' 지도사 과정을 배우고 학생들을 지도한 지도 여러 해가 되었네요. 학생들을 지도하던 중 '조금 더 아이들이 스스로 익힐 수 있는 학습방법이 없을까?'를 고민하던 중 광고에 나오는 정형권의 학습코칭 교재를 보게 되었죠.

혹시나 하는 마음에 교재를 구입하게 되었고 정말 좋은 교재라는 것을 아이들에게 적용시켜 본 결과 알게 되었습니다.

그래서 선생님께 직접 교육을 받고 싶어 연락 드렸었죠.

선생님께 직접 교육을 받아보니 더 확실한 교육법을 알게 되었습니다.

학생들에게 '정형권의 학습코칭' 교육방법(특히 읽기 지도 방법)을 적용한 결과 3개월도 채 되지 않아 평균점수가 적게는 8점에서 많게는 30점까지 상승하는 것을 체험하였습니다.

가르치는 저 자신도 깜짝 놀랐지만 학생들과 학부모님께

서 정말 기뻐하는 모습을 보면서 가르치는 보람을 느끼게 되었습니다.

누군가 강요해서 가르치는 교육방법보다는 스스로 할 수 있는 교육방법을 알려준다면 학생들은 즐겁고 행복하게 공부하면서 성적향상은 자연스럽게 이루어지지 않나 싶습니다.

학생이나 일반인에게 동기부여가 얼마나 중요한지 직접 체험하지 않은 사람은 모를 것입니다. 저 또한 선생님께서 "잘할수 있다."라는 동기부여와 "자신감을 가지고 책을 써보라."는 권유로 지금《신나는 속독법 즐거운 기억법》을 출판하게 되었습니다.

제 교재 마무리단계에 선생님의 동기부여 말씀을 넣은 것도 이 과정이 정말 중요하다는 것을 알기 때문입니다.

여러 가지로 도움주시고 좋은 교육방법을 알려주신 선생님께 진심으로 다시 한 번 감사드립니다.

《신나는 속독법 즐거운 기억법》의 저자 서희점 드림

거꾸로 학습

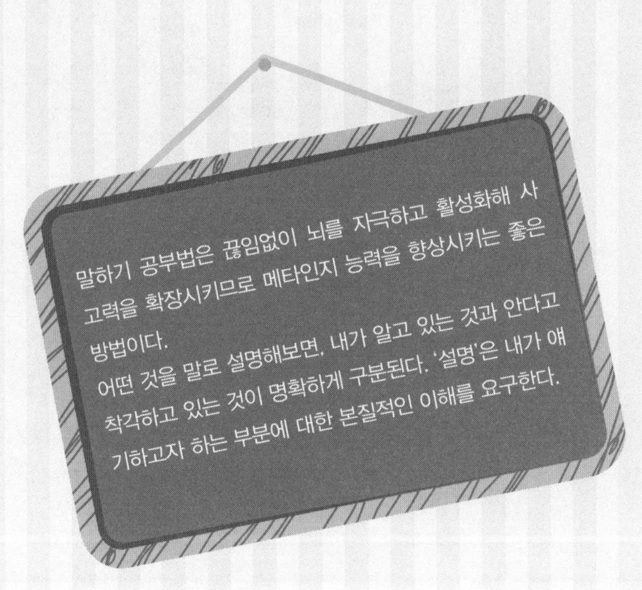

말하기 공부법은 끊임없이 뇌를 자극하고 활성화해 사
고력을 확장시키므로 메타인지 능력을 향상시키는 좋은
방법이다.
어떤 것을 말로 설명해보면, 내가 알고 있는 것과 안다고
착각하고 있는 것이 명확하게 구분된다. '설명'은 내가 얘
기하고자 하는 부분에 대한 본질적인 이해를 요구한다.

표현하는 공부

가르칠 때 배운다.

– 세네카

학생들의 공부하는 시간 중에서 가장 많은 비중을 차지하는 것은 수업시간일 것이다. 따라서 수업을 어떻게 활용하느냐는 매우 중요하며 공부의 효율도를 좌우한다.

일반적으로 강의식 수업에서 아이들은 수동적으로 앉아서 듣기에 열중한다. 이러한 방식의 수업은 학습효과가 매우 낮은 방법으로 알려져 있다. 학생들이 능동적으로 참여하는 방식으로 진행되는 수업에서 아이들은 훨씬 더 잘 이해하고 기억한다.

최근 학생들의 능동적인 참여를 이끌어내는 프로젝트 수업이나 거꾸로 교실의 확대는 이러한 사정을 반영하는 것이다. 하지만 아직도 많은 교실은 강의식 위주의 수업으로 진행되고 있다. 그렇게 진행되는 수업에서 대부분의 학생들은 선생님에 집중하기는 하지만, 자신의 뇌를 최대한 가동시키지는 않는다. 수업시간에 배운 것을 자기 것으로 만들기 위해서는 이렇게 강의를 열심히 듣는 것만으로 충분하지 않다. 학생들이 직접 참여하는 방식의 다른 무엇이 더 필요하다.

핀란드의 수업시간은 블록수업으로 진행되는데 아이들은 수업시간에 배운 내용을 거의 다 소화하고 집으로 돌아간다고 한다. 수업의 전반부에는 선생님이 개념 중심의 강의를 하고 후반부에는 이를 연습하고 응용하는 시간을 갖는다. 즉 수업시간에 강의와 복습이 동시에 이뤄지는 것이다. 강의를 듣고 이를 바로 응용해보고, 부족한 부분은 선생님이나 친구에게 도움을 받아 해결할 수 있다.

거꾸로 수업에서는 강의를 아예 밖으로 빼내 집에서 강의 동영상을 보게 하고 수업시간에는 이를 연습하고 응용하는 시간을 갖는다. 이렇게 자기가 공부한 내용을 스스로 정리하고 표현할 수 있는 기회가 많이 주어져야 학습 효과가 높아진다.

따라서 강의식 수업이나 인터넷 강의를 듣고 난 후에 반드시 강의 내용을 다양한 방식으로 '표현하는 공부'를 해야 한다. 강의만으로 이루어진 수업에서 학생들은 무엇을 배웠는지 제대로 말하지 못하는 경우가 많다. 어떤 학생은 무슨 과목을 공부했는지조차 기억하지 못하기도 한다.

수업 집중과 기억

중학교 1학년 은석이는 나름대로 열심히 하긴 하는데 성적이 별로여서 고민이 많다. 그러다 보니 공부 의욕도 많이 떨어진 상태다. 그런 은석이에게 이렇게 물었다.

"우등생들에게 공부를 잘하려면 무엇을 해야 하느냐고 물었더니 뭐라고 답했는지 아니? 이거, 이거, 이거를 잘해야 된다고 하던데?"

"에이, 저도 알아요. 예습, 복습, 수업에 집중. 맞죠?"

은석이는 자기도 그런 건 안다는 듯이 의기양양하게 답했다.

"그럼, 수업시간에 집중했겠네?"

"당연하죠. 아주 집중했지요."

마치 수업시간에 다시 돌아온 듯 인상을 쓰면서 대답했다.

"오, 정말 수업시간에 집중을 했나보네. 그럼, 오늘 수업시간에 공부한 거 간단하게 적어볼 수 있을까? 집중을 했으니 기억이 날 거야."

은석이는 그렇게 하겠다고 하면서 펜을 들었다. 그런데 잘 생각이 나지 않는 모양이다.

"아, 그런데 잘 기억이 안 나는데요? 이상하네. 진짜 생각이 안 나요."

왜 그런지 알 수 없다며 괴로운 표정을 지으며 고개를 갸웃거린다.

"그래? 그렇다면 우선 시간표부터 적어볼까? 1교시에 무슨 과목이었지?"

"아……. 그것도 생각이 잘 안 나요. 신기하네……."

한참만에야 기억이 났는지 겨우 답한다.

"도덕, 도덕이었어요."

"그래, 그럼 그 시간에 뭘 배웠지?"

"정말 모르겠어요. 생각이 안 나요."

"뭐, 기억나는 단어도 없니?"

"음 …… 없어요."

"그러면 선생님 옷 색깔이나 헤어스타일 등 뭐 특이한 거 없었어?"

"아, 검정색 옷을 입고 오셨어요."

"오, 그래? 그럼 그걸 적으면 되겠네."

"예? 그건 공부하고 상관없는데 그런 것도 적어요?"

"상관은 없지만 전혀 없다고 할 수도 없지. 그런 게 연결이 돼서 공부한 내용이 생각이 나고 기억에 도움을 주니까. 우리가 공부할

거꾸로 학습코칭

때는 학습 내용만 기억되는 게 아니라 그 시간에 일어난 일들이나 특이한 경험, 선생님의 음색, 그때 맡았던 어떤 냄새 등도 같이 머리에 저장되는 거거든. 선생님의 옷도 그런 의미에서 기억에 도움을 주지. 앞으로는 수업에 있었던 갖가지 것들을 기억해보도록 해."

그리고는 은석이는 앞으로 수업이 끝나고 그날 배운 내용을 기억해서 적어 보거나 말로 표현해보기로 했다. 코칭 시간에도 나는 은석이에게 수업 내용을 떠올리게 하고 그 내용을 적어보거나 말해보게 하였다. 횟수가 늘어날수록 은석이는 더 많은 것을 적거나 말할 수 있었다. 그럴수록 은석이는 수업에 더 집중할 수 있었다.

"출력하니까 공부가 잘 돼요."

한 인문계 고등학교에서 2학년 대상으로 학습코칭 프로그램을 진행할 때의 일이다. 이 학생들은 본인의 학습방법에 문제가 있다고 생각하고 자발적으로 프로그램에 참가하였다. 나는 학교수업을 마치고 교실에 모인 학생들에게 "출력하기" 수업을 진행하였다.

방법은 간단했다. 오전 수업시간에 학습한 내용을 노트에 기억나는 대로 써보게 하였다. 처음 해보는 것이어서인지 대부분의 학생들은 무엇을 적을지 몰라 노트만 바라보고 있더니, 더 시간이 지난 후에는 황당하다는 듯 서로를 쳐다보며 멋쩍은 웃음을 지을 뿐이었다.

나는 바로 전 시간에 들은 수업 내용이 생각이 안 나는 건 머리가 나빠서 그런 것도 아니고 수업시간에 놀아서 그런 것도 아니니 너무 걱정 말라고 했다. 그동안 출력하는 습관을 가지지 않아 갑자기 출력하려니 잘 안 되는 것일 뿐이라고 설명하고, 천천히 조금 더 생각해 보면 생각나는 것이 있을 것이고, 우선 단어라도 적어보게 하였다.

잠시 후에 학생들은 조금씩 더듬더듬 적어가기 시작하였고, 잘 안 되는 학생들은 교재를 잠깐 본 다음 덮고 적게 하였다. 아이들은 나름대로 수업에 열중했겠지만 기억나는 게 별로 없다는 사실에 다소 놀라는 눈치였다.

다음날 한 학생이 수업 전에 질문을 했다.

"선생님, 오늘도 어제처럼 빡세게 하나요?"

어제 '수업 내용 적어보기(출력하기)'가 너무 힘들었다며 겸연쩍게 웃었다.

학생들은 그동안 집어넣는 것에만 열중했다. 학교 수업시간에 듣고, 학원 수업이나 인터넷 강의도 열심히 듣고, 그렇게 듣고 또 들으며 머릿속에 집어넣기 위해 노력해왔지만 배운 것을 표현해보는 연습은 거의 전무하다시피 했다. 이게 공부한 만큼 성과가 나오지 않는 이유이다.

나는 "여러분, 공부는 입력만큼이나 출력도 중요합니다. 자기가 배운 내용을 글이나 말로 자꾸 표현해보세요. 표현하면 이해가 더 잘 되고 기억도 더 잘 됩니다. 죽어라고 공부하지 않아도 자연스럽게 공부를 잘할 수 있게 됩니다. 강의를 들었으면 꼭 표현하는 시간을 가지세요."라고 표현의 중요성을 강조했다.

그런 다음 다시 수업시간에 배운 내용을 적어보라고 했다. 그러고 나서 이번에는 노트에 적은 내용을 옆의 친구에게 설명해보게 했다. 한 학생은 짝이 없어서 나에게 수업 내용을 설명했다. 수학 시간에 배운 내용을 열심히 설명하던 그 학생은 무척 신이나 있었다. 재미있냐고 물으니 "네, 선생님. 효과가 좋은 것 같아요"라며 좋아했다.

이렇게 쓰고 말하기를 중심으로 표현하는 공부를 계속했다. 일주일 쯤 지나자 학생들이 "이제 공부를 어떻게 해야 하는지 감이 잡혀요"라며 다들 이 방법을 꾸준히 실천하겠다고 했다. 좀 일찍 '출력 공부'를 하지 못한 것을 아쉬워했으며, 지금이라도 알게 된 것이 다행이라고도 했다. 한 여학생은 따로 "출력 노트"라는 것을 만들어 모든 과목을 적용해서 실천하고 있다고 말했다.

메타인지 능력을 향상시키는 말하기 공부법

최상위권 학생들이 같은 시간을 공부하더라도 다른 학생들에 비해 학업성취도가 높은 이유는 메타인지 능력이 발달해 있기 때문이다. 메타인지란 '아는 것과 모르는 것을 판단하고 구분하는 것'을 말한다. 공부를 잘하는 학생과 그렇지 못한 학생은 기억력 자체에는 큰 차이가 없지만 메타인지 능력은 차이가 많이 난다. 메타인지 능력이 발달한 학생은 자신이 아는 것과 모르는 것을 정확히 구분할 줄 안다. 모르는 것을 정확히 알기 때문에 모르는 것에 집중할 수 있고 결국 모르는 것을 알아내게 된다.

말하기 공부법은 끊임없이 뇌를 자극하고 활성화해 사고력을 확장시키므로 메타인지 능력을 향상시키는 좋은 방법이다. 어떤 것을 말로 설명해보면, 내가 알고 있는 것과 안다고 착각하고 있는 것이 명확하게 구분된다. '설명'은 내가 얘기하고자 하는 부분에 대한 본질적인 이해를 요구한다. 알고 있는 것은 말하는 과정에서 더욱 체계적으로 머릿속에 각인되어 기억에 오래 남고, 잘 모르는 것이나 오개념은 보완학습을 통해 바로잡을 수 있게 된다.

만약 주변에 설명하거나 말할 사람이 없다면 자기 자신이나 인형에게 설명해보면 된다. 교과서를 읽을 때도 그냥 읽기만 할 것이 아니라 앞장에서 하우티엔이라는 중국 학생이 했던 것처럼 글로 써보고 말해보는 습관을 갖는 것이 좋다.

아이가 엄마에게 가르쳐요

지방에 사는 초등 4학년 혜경이 엄마가 상담을 요청해왔다. "아이가 집중력이 떨어지고 산만한 것 같은데 어떻게 하면 좋겠느냐"는 것이었다.

내가 만나본 혜경이는 산만하다기보다는 오히려 차분하고 조용한 편이었다. "공부는 재미있어?"라는 물음에 다소 애매한 대답을 하였지만 아직 공부에 흥미를 잃거나 그런 것은 아닌 것 같았다.

혜경이가 제일 힘들어하는 과목은 수학이다. 혜경이는 수학학원의 진도를 따라 가는 게 힘들어서 학원을 그만두고 집에서 문제집을 풀면서 수학을 공부하고 있었다. 엄마가 혜경이가 공부하고 있는 수학 문제집을 보여주었다. 개념이해 위주의 쉬운 문제집과 난이도가 높은 어려운 문제 중심의 문제집 두 권을 풀고 있었다.

혜경이가 수학문제를 잘 이해하지 못할 때는 어떻게 하느냐고 물었더니 엄마가 직접 설명해주는데 잘 이해하는 것 같지는 않다며, 아이가 점점 수학을 어려워하고 회피하려 해서 걱정이라고 했다.

그런데 혜경이는 영어는 재미있어 하고 학원에서 보는 시험성적도 거의 만점을 받고 있었다. 집에서 혜경이는 학원에서 배운 것을 엄마에게 설명하면서 복습을 하는데, 아주 재미있어 한다고 했다. 이때는 아이가 선생님이고 엄마가 학생이 된다고 했다.

나는 바로 여기에 해답이 있다고 생각한다. 만약 수학도 영어처럼 공부했다면 혜경이의 성적도 오르고 학습의 흥미도 향상되었을 것이다. 아이 주도가 아닌 부모 주도가 되는 순간 아이의 학습동기는 떨어진다. 더구나 부모가 가르치고 아이가 듣는 수동적 방식은 아이의 집중력을 떨어뜨리고 생각하기를 멈추게 한다. 가능하면 자주 아이가 공부한 내용을 직접 설명하게 하고 표현할 수 있도록 기회를 제공하는 것이 좋다.

나는 어머니에게 수학도 혜경이가 설명하고 엄마가 듣는 방식으로 바꿔보라고 했다. 엄마는 알아도 모르는 척 열심히 듣다가 가끔씩 질문을 하면 혜경이는 설명하면서 스스로 배울 것이기 때문이다.

다행히 혜경이 엄마는 자신의 잘못을 깨닫고 다른 과목도 영어처럼 아이가 가르치고 자신은 학생처럼 듣는 방식으로 바꾸었다.

거꾸로 학습코칭 포인트 

1. 공부는 입력만큼이나 출력도 중요하다. 자기가 배운 내용을 글이나 말로 자꾸 표현해보면 그 과정에서 이해와 기억도 잘된다.

2. 말하기 공부법은 끊임없이 뇌를 자극하고 활성화해 사고력을 확장시키므로 메타인지 능력을 향상시키는 좋은 방법이다.

생각과 몰입

생각한다는 것은 스스로와 대화하는 것이다.

– 임마누엘 칸트

공부는 생각하면서 해야 한다. 너무나 당연한 이야기다. 하지만 생각 없이 공부하는 학생들이 많다. 무턱대고 외워 머리에 저장하려고 한다. 어려서부터 잘못된 공부 습관이 몸에 밴 까닭이다. 하지만 생각의 과정을 거치지 않은 지식이 머릿속에 잘 저장될 리 없다.

공부는 단순히 지식의 축적만을 의미하지 않는다. 공부를 통해서 역량을 강화시킬 수 있어야 한다. 목적한 것을 해낼 수 있는 힘의 강화가 사회에 나갔을 때 실질적인 도움이 된다. 지식은 컴퓨터 안에 잘 저장되어 있다. 그것을 잘 활용하는 역량은 생각하는 훈련

197

으로 길러진다.

강의식 교육이 일반화되어 있는 현실에서 학생들이 생각하면서 공부하는 습관을 갖는 것은 쉽지 않다. 그러나 당장 성적을 올리려는 욕심을 버리고 깊게 생각하면서 공부하는 습관부터 길러야 한다.

생각하니까 문제가 풀리는 구나

예은이는 초등학교 4학년이다. 밝고 명랑하여 언제나 친구들과 어울리는 것을 즐겨하는 아이다. 하지만 매일 친구들과 노는 것에만 열중하는 예은이를 볼 때면 엄마는 답답하기만 하다. 예은이는 학원 가는 것을 싫어하여 예체능 중심의 방과후 수업만 듣고 나머지 시간은 친구들과 놀면서 보낸다. 예은이 엄마는 본격적으로 공부가 시작되는 중학교에 올라가면 따라갈 수는 있을지 걱정이다.

상담 첫날 예은이네 분위기가 심상치 않았다. 예은이가 수학 형성평가에서 50점도 안 되는 점수를 받아왔기 때문이다. 더 이상 늦출 수 없다고 생각한 엄마는 "학원을 다니라"고 하고 예은이는 "싫다"며 울먹이고 있었다. 진정되기를 기다리던 나는 우선 예은이 시험지가 보고 싶었다.

"일단 뭐가 문제인지 차근차근 알아보는 게 좋을 것 같습니다.

거꾸로 학습코칭

학원을 가는 건 그 다음에 결정해도 늦지 않을 것 같네요. 우선 시험지를 좀 볼까요?"

예은 어머니가 시험지를 가져왔다.

"어머니, 아주 기초적인 문제도 틀렸네요. 학원에 간다고 해도 기초가 부족하면 따라가기가 힘듭니다. 학원에서는 정해진 대로 진도를 나가야 하고, 예은이만 붙들고 있을 수도 없을 테니까요."

"그럼, 어떻게 해야 하나요?"

"예은이가 요즘 수학을 어떻게 공부하고 있나요?"

"문제집 세 권을 매일 풀고 있어요. 학교 진도보다 조금 앞서서요."

"세 권씩이나요? 예은이가 많이 힘들어 하지 않았나요?"

"학원도 안 다니는데 그 정도는 해야 하는 거 아닌가요? 1년씩 선행을 하는 아이들도 주변에 꽤 많아요. 학교 수업보다 조금 앞서 공부하는 건 아무것도 아닌데요."

"선행이 무조건 나쁘다는 건 아니에요. 능력이 되고 실력이 우수하다면 그런 것도 필요하겠지요. 하지만 이번에 보셨듯이 이런 기초적인 문제도 제대로 이해하지 못하고 있는데 그 많은 문제집을 푸는 것이 무슨 의미가 있고, 학원만 보낸다고 해결이 되겠어요?"

"그럼, 어떡해야 하죠?"

"일단 문제집을 1권으로 줄여야 합니다."

"네? 3권을 해도 성적이 떨어졌는데, 거기서 더 줄이라면……."

“문제집을 줄이면 성적이 올라갈 겁니다.”

“정말 그럴까요?”

“네, 학교 진도에 맞춰 매일 조금씩 풀어간다면 점차 좋아질 것입니다.”

예은이와 다시 상담이 계속됐다.

“예은아, 엄마한테 들으니 하루에 문제집을 세 권씩이나 풀었다면서? 정말 힘들었겠다. 지금부터는 그렇게 많이 하지 않아도 돼. 한 권만 학교 진도에 맞춰서 풀면 돼. 학원 가는 것보다는 나을 테니 우리 열심히 해보자.”

“네, 알겠어요.”

예은이는 힘없이 대답했다.

“근데, 예은아. 선생님이 이해가 안 되는 게 있는데 배우지도 않은 내용을 매일 세 권씩이나 어떻게 풀었니?”

“엄마한테 얘기하시면 안 돼요. 사실은 해답 보고 베꼈어요. 안 하면 혼내시니까 어쩔 수가 없었어요. 이건 정말 비밀이에요.”

“그래, 알았어. 비밀은 지킬게. 그럼 오늘은 몇 문제만 풀어볼까? 학교에서 배운 부분 좀 보자.”

예은이는 그날 배운 부분의 문제를 풀기 시작했다. 그런데 문제 푸는 모습을 보니 예상했던 문제점이 발견되었다. 조금 생각해보다 모르는 문제는 그냥 넘어가는 식이었다. 예은이는 조금만 막히면 생각할 겨를도 없이 다음 문제로 넘어가곤 했다. 그래서 못 푼 문제를 가리키면서 왜 안 푸냐고 하면 "잘 모르는 거예요. 어려워요."라고만 대답했다.

"음, 어려운 문제구나. 하지만 조금만 더 생각하면 풀 수 있는 문제야. 그냥 넘어간 문제들을 1분 정도 더 생각해볼까? 수학 실력은 생각의 등급이래. 오래 생각할 수 있으면 생각의 등급이 올라가고 그러면 자연히 수학 점수가 올라가는 거지. 그래서 우리는 점수를 올리려고 하지 않고 생각의 등급을 올리려고 할 거야. 좀 더 오래 생각하는 거지."

"네, 1분 정도는 할 수 있을 것 같아요. 그런데도 안 풀리는 문제는 어떻게 해요?"

"응, 상관없어. 어쨌든 1분을 채우면 생각의 등급이 올라가는 거잖아. 일단은 생각의 등급을 올리는 데 집중하자."

"알겠어요. 한 번 해볼게요."

나는 시간을 재고 예은이는 문제를 풀어 나갔다. 문제를 푸는 동안 "생각 잘 하네, 잘 생각하고 있어"라며 격려해주었다. 예은이는 그냥 넘어간 문제 중에서 한 문제를 빼고는 1분을 넘기기 전에 풀었다.

"와우~ 잘했어. 생각을 하니까 문제가 풀리는구나. 생각하느라 수고했어"라고 칭찬을 해주었다. 그랬더니 풀지 못한 문제를 가리키며 "이 문제는 1분 동안 생각했는데도 안 풀렸잖아요?" 하는 것이었다. 그래서 "이 문제는 1분 동안 생각했는데도 안 풀린 문제가 아니라 1분보다 더 생각하면 풀리는 문제야"라고 말해주었다.

"그럼, 다시 생각해요?"

"아니, 오늘은 안 해도 돼."

"왜요?"

"네가 힘들기 때문이야. 생각하느라 많이 힘들지?"

"네, 힘들어요."

"일단 생각하는 건 오늘은 그만하고 틀린 문제는 내일 생각하면 돼. 오늘처럼 1분씩 생각하면 돼. 생각이 누적되면 자연히 문제가 풀린단다."

예은이는 날마다 학교 진도를 중심으로 수학 문제를 풀면서 생각하는 시간을 늘려 나갔다. 날이 지날수록 조금씩 집중하는 모습이 보였고 그로부터 한 달 뒤 예은이의 수학 성적이 껑충 뛰어올랐다. 생각하는 습관을 갖게 되면서 공부하는 자세가 달라지고 다른 과목도 더 열심히 하게 되었다.

생각 중심의 공부

이러한 방식은 공부를 잘하는 학생들에게도 적용할 수 있다. 문제의 난이도를 올리고 생각하는 시간을 늘리게 하면 자연스럽게 공부에 몰입하는 방법을 체득하게 된다.

중학교 2학년에 다니는 한 학생이 내게 수학문제가 너무 어렵다며 가지고 왔다. 아무리 생각해봐도 어떻게 해야 할지 잘 모르겠다는 거였다. 나는 이 학생에게 생각하는 공부를 가르쳐 줄 수 있는 좋은 기회라고 생각했다.

"어디 보자. 정말 어려운 문제네. 나도 잘 모르겠는 걸. 우리 같이 풀어보자. 나는 여기서 풀고, 너는 거기서 풀고. 먼저 푼 사람이 푸는 방법을 알려주기, 알았지?"

우리는 테이블을 마주보고 서로 열심히 문제를 풀어나갔다. 아이는 안 풀렸던 문제를 다시 풀려니 엄두가 나지 않는다는 표정이었지만 앞에서 선생님이 열심히 푸는 모습에 이내 마음을 고쳐먹고 문제를 풀어나갔다. 그러나 20분이 지나고 30분이 지나도 문제가 풀리지 않았다. 그러다 갑자기 "선생님, 풀었어요" 하는 것이었다. 나는 "오, 그래? 어떻게 풀었어? 설명 좀 해봐."라고 했더니 자기가 푼대로 열심히 설명을 해주는 것이었다.

"역시, 생각을 많이 했네. 네가 설명을 해주니까 이해가 잘 된다."

나는 칭찬을 하며 한 가지를 피드백해 주었다.

"그런데, 너는 오늘 문제를 푼 것도 잘 한 일이지만 한 가지 큰 발전이 있었어. 바로 너의 '생각의 등급'이 올라간 거야. 30분 넘게 쉬지 않고 문제를 풀 수 있는 능력이 생긴 거지. 앞으로 그 능력을 잘 키워봐. 앞으로도 어렵고 힘든 일을 만나면 걱정만 하지 말고 생각을 해. 생각을 하면 모든 문제가 풀린단다. 지금처럼 말이야."

학생이 공부를 하는 과정에서 생각의 힘을 키워 몰입할 수 있는 능력을 기르도록 이끌어주는 것은 매우 중요하다. 결과 중심이나 평가 중심이 아니라 과정 중심으로 공부를 하게 하면 집중력이 길러지고 몰입의 힘을 깨닫게 된다.

한 초등학생이 사다리꼴 면적을 구하지 못해 끙끙대고 있었다.

"무엇이 힘들지? 많이 어려워?"

"네, 공식을 잊어버렸어요."

"오, 공식을 잊어버려서 힘들어 하는구나. 공식만 기억하면 금방 풀 수 있는데……."

"네, 분명히 외웠는데 갑자기 생각이 안 나네요."

"그런데 이 문제 공식 몰라도 풀 수 있는데, 잘 생각해 봐. 삼각형이나 사각형 면적 구하는 방법은 알고 있니?"

"네, 그건 알아요."

"그래? 그럼, 풀 수 있어. 잘 생각해봐. 삼각형과 사각형."

그래도 아이는 다른 방식으로 풀 생각은 못하고 공식을 기억해내기 위해 애를 쓰고 있었다.

"공식 몰라도 풀 수 있다고 했잖아. 삼각형, 사각형이 힌트야.

잘 생각해봐."

아이는 이리저리 궁리를 하는 것 같더니 갑자기 "아, 알았어요" 하면서 문제를 풀어냈다.

"어떤 방법으로 풀었지?"

"네, 사다리꼴을 삼각형 두 개로 나눠서 풀었어요."

"그럼, 공식 확인해봐."

아이가 공식을 보면서 자신이 푼 방식과 공식의 연관성을 확인하게 하였다.

"거봐, 생각하니까 문제가 풀리지? 무조건 공식만 외우려고 하지 말고 생각을 해. 그러면 너만의 공식도 만들 수 있을 거야."

"그리고 이 문제는 푸는 방법이 여러 가지야. 다른 문제들도 마찬가지야. 여러 가지 방법으로 풀 수 있어. 만약에 네가 다른 방법을 알아내면 나한테도 알려줘. 알았지?"

그리고 난 후 며칠 뒤, 아이에게서 갑자기 전화가 왔다.

"선생님, 알아냈어요. 사다리꼴 면적 구하는 거요."

"그래, 또 다른 방법을 알아냈단 말이지?"

"네. 사다리꼴 똑같은 걸 옆에다 거꾸로 붙이면 평행사변형이 되잖아요. 그 평행사변형 면적 구하는 방법으로 풀면 돼요. 그런데 그게 사다리꼴이 두 개가 붙어 있는 거니까 곱하기 ½을 하면 되구요."

"오, 생각을 많이 했구나. 역시 생각을 하니까 문제가 풀리지? 좋은 경험을 했어."라고 칭찬을 해주었다.

공식 없이 문제를 푼 경험을 한 그 학생은 무조건 공식에 의존하지 않게 되었다. 스스로의 힘으로 문제를 풀기 위해 노력했고 나중에 공식을 참고하였다. 또 어떻게 그런 공식이 만들어졌는지도 생각해 보는 등 공부의 방법과 깊이가 달라지기 시작하였다. 생각하는 공부를 체득한 것이다.

거꾸로 학습코칭 포인트

1. 공부는 단순히 지식의 축적만을 의미하지 않는다. 공부를 통해서 역량을 강화시킬 수 있어야 한다. 그러한 역량은 생각하는 훈련에서 비롯된다.

2. 학생이 공부를 하는 과정에서 생각의 힘을 키워 몰입할 수 있는 능력을 기르도록 이끌어주는 것이 매우 중요하다. 결과나 평가중심이 아니라 과정 중심으로 공부를 하게 하면 집중력이 길러지고 몰입의 힘을 깨닫게 된다.

시간의 주인이 되는 공부

계획이란 즉각적이고 지속적인 노력을 투자하지 않는 한
단지 좋은 의도로 남을 뿐이다.

– 피터 드러커

목표를 이루기 위해서는 긍정적인 마음으로 행동하는 것이 중요하다. 하지만 그와 더불어 필요한 것이 있는데 바로 하루라는 시간을 잘 관리하는 것이다. 목표가 있는 사람은 시간 관리부터가 다르다.

스티브 잡스는 스탠퍼드 대학교 졸업 연설에서 "모든 순간은 미래로 연결되어 있다"라고 했다. 미혼모의 자녀로 태어나 입양되어야만 했고, 형편이 어려워 대학도 중도에 포기할 수밖에 없었다. 대신 자신이 듣고 싶은 강의를 들었는데, 그때 들었던 캘리그래피(calligraphy, 글자를 다루는 시각디자인의 한 분야) 강의는 매킨토시의 아름다운 서체의 바탕이 되었다.

이처럼 현재의 순간순간은 끊임없이 미래에 영향을 미친다. 따라서 미래의 목표를 세우는 것도 중요하지만 현재의 순간을 소중히 여기는 마음도 필요하다. 오늘 하루가 모여 나의 미래를 만든다고 생각하면 오늘 내가 만나는 사람에게 최선을 다하게 되고, 오늘 경험한 것들에서 더 많은 것을 배우고 느끼기 위해서 노력하게 된다.

그러니 시간을 잘 관리하는 것은 공부를 잘하기 위해서만이 아니라 성공하는 인생을 살기 위해서도 반드시 익혀야 할 중요한 습관이다.

그래서 나는 코칭하는 학생들에게 '공부일기'를 써보라고 권한다. 공부일기에는 공부한 시간뿐만 아니라 논 시간까지 그대로 적게 한다. 최대한 자세하게 매일 적게 하면 '공부를 할 만큼 했는데 왜 성적이 오르지 않을까'라는 생각이 얼마나 잘못되었는지를 알게 되고 새삼 자신의 게으름을 깨닫는 경우가 많다.

공부일기로 문제를 발견하다

민승이는 중학교 2학년이다. 공부는 중간 정도인데 성격이 내성적이고 자기표현을 잘하지 않는다. 여느 청소년들이 그렇듯 부모님과는 조금 거리를 두고 있는 한창 사춘기의 소년이다. 하지만 민승이는 나름대로 꿈을 키우고 있으며, 자신의 미래에 대해 많이 생각하는 편이다. 물론 부모님이 보기엔 문제도 많고, 생각 없이 하루하루를 보내는 것 같아 걱정이 많다.

부모님은 두 분 다 직장에 나가셔서 민승이가 학교에서 돌아오면 할머니께서 맞아주신다. 하지만 할머니께서 민승이의 일거수일투족을 엄마에게 알리는 통에 얼마나 신경이 쓰이는지 모른다.

어머니는 직장 때문에 아이와 대화 시간이 부족하고 아이는 점점 까칠해지는 것 같아 고민이 많다. 성격이 좀 급한 편인 듯한 어머니는 아이에게 뭔가 도움도 주고 얘기도 많이 해주고 싶은데 민승이가 잘 따라주지 않는 상황이었다.

상담 첫날부터 어머니와 작은 신경전이 있었다. 민승이와 상담이 시작되었는데 어머니께서는 방을 나갈 생각을 하지 않고 있었다. 조용히 있을 테니 수업을 참관하게 해달라는 것이었다. 민승이가 무슨 생각을 하고 있고 선생님과는 어떤 대화를 나누는지 듣고 싶어하는 것 같아서 그렇게 하시라고 했다.

두 번째 수업 날.

민승이가 공부하는 것을 지켜보니 앞뒤를 생각해가며 하는 것 같지는 않았다.

"민승아, 네가 공부하는 양과 과목별 공부 스타일을 알아야 하니까 '공부일기'를 한번 써 보는 게 어떨까?"

“전, 뭐 쓰는 거 싫어하는데요.”

“이건 뭘 많이 쓰는 게 아니고, 네가 그날 공부한 과목과 내용만 적으면 돼. 가령 영어 교과서 3과 본문 42~44페이지 2번 읽기, 수학 ○○문제집 37~38페이지 풀기, 몇 시부터 몇 시까지 공부, 이런 식으로 매일 기록하면 돼. 별로 어렵지 않아. 네가 어느 정도 공부하는지 알아야 앞으로 공부 계획을 세울 수 있거든.”

“네, 알겠어요. 해볼게요.”

“그래, 노트는 아무거나 해도 괜찮아. 깨끗한 공책이면 돼.”

그로부터 사흘 뒤 새벽 1시.

잠자리에 들려는데 갑자기 문자가 왔다. 〈샘, 민승이 전혀 변화 없음. 공부일기 기록하지 않음. 아예 공부일기 노트도 없음.〉이라는 민승이 어머니의 문자였다. 엄마도 같이 수업을 들었기 때문에 민승이가 공부일기를 쓰고 있는지 궁금했고, 그 밤에 공부일기 노트를 찾아보았던 모양이다.

다음날. 어머니께 전화를 드렸다.

“어머니, 너무 걱정하지 마세요. 아이 공부량을 측정하려는 거니까요. 만약에 안 썼으면 직접 확인하면 돼요. 일주일 치니까 양이 많지 않아서 확인하기 어렵지 않습니다.”

“근데, 애가 왜 그렇게 말을 안 듣죠? 그거 쓰면 좋을 것 같은

거꾸로 학습코칭

데……."

"네, 다른 애들도 많이 그래요. 문제가 있는 건 아니고요. 안 해 봤으니까 귀찮을 수도 있죠."

다음 수업시간.

민승이를 만났다. 책상 위에는 낯선 노트 한 권이 놓여 있었다.

"이게 뭐야?"

"공부한 것 적은 거예요. 공부일기요."

민승이는 공부일기를 나름대로 매일매일 적어 놓고 있었다. 그런데 엄마는 왜 몰랐을까? 엄마가 확인할 것을 예상한 민승이가 다른 데다 숨겨놨으니 엄마가 못 찾을 수밖에…….

그 다음주도 민승이는 계속해서 공부일기를 적어 나갔다. 그러면서 스스로 자신의 문제를 알아나갔다. 학습량이 적다는 것, 공부가 특정 과목에 편중되어 있다는 것, 시험 준비 시간이 너무 짧다는 것 등등을 깨달아가면서 학습태도도 많이 좋아졌다. 엄마, 아빠의 간섭도 줄어들고 칭찬이 없던 아빠에게 처음으로 "이제, 제대로 공부하는 것 같구나"라는 칭찬도 받았다.

아이들이 공부를 잘하기 위해서는 스스로 돌아보는 시간이 필요하다. 그 과정에서 반성을 통한 새로운 다짐과 계획을 한다면 아이는 스스로 공부하는 학생으로 변해갈 것이다. 하지만 반성을 강요한다거나 윽박지른다면 아이는 점점 더 삐뚤어지고 자기주도학습에서 멀어질 것이다.

자기주도학습 역량을 키우는 공부습관일지

종환이는 중학교 1학년 여름 방학 때 처음 만났다. 말수가 적고 수줍음을 많이 타는 학생이었는데 유난히 머리가 커서 인상적이었다. 종환이 어머니는 이미 석 달 전에 아이의 공부문제로 전화 상담을 한 적이 있어서 기억하고 있었다.

그동안 어머니는 여러 가지 방법을 써 보았으나 효과가 없어서 조금 지쳐 있었고, 중학생이 된 종환이는 갑자기 많아진 학업에 대한 부담 때문에 많이 힘들어하고 있었다. 종환이의 방에는 여러 가지 공부법 책이 놓여 있었다. 책을 펴보니 '밑줄 치고' '별표하고' '접고', 굉장히 열심히 본 흔적이 있었다.

"종환아, 이 책 다 읽은 거야?"

"아뇨. 엄마가 보신 거예요."

하면서 겸연쩍게 웃음을 지었다.

많은 엄마들이 자주 범하는 실수 가운데 하나가 공부법 책을 읽고 자녀에게 그대로 그 공부법을 이식시키려는 것이다. 사람마다 자기에게 맞는 공부법이 있을 텐데 다른 사람의 공부법에 억지로 맞추려다 보니 맞지 않은 옷을 억지로 입는 꼴이 되어버린다. 공부법 책에 대한 맹신은 부모세대가 과거에 받아온 공부 방법과도 닮아 있다. 모든 일에는 단 하나의 정답만이 있다고 믿는 그들은, 공부법도 정해진 틀이 있고 그 방법대로만 하면 좋은 성적을 받을 것이라고 생각한다.

하지만 서점에는 수많은 공부법 관련 책이 있고, 책마다 권하는 공부 방식이 조금씩 다르다. 물론 예습, 복습, 수업에 집중 등은 대부분 공통적으로 지적하고 있기는 하다. 그런데 복습이나 예습도 자신만의 방법이 있기 마련이다. 그러니 대부분의 학생들에게 공부법 책은 또 다른 교과목처럼 느껴지고, 책에서 제시하는 공부법은 억지로 익혀야 하는 힘든 과정이 될 수밖에 없다.

종환이 엄마도 비슷한 경우였다. 책에서 읽은 공부법을 아이에게 주입시키려다 보니 아이는 힘들어 하고 아이와의 관계도 안 좋아졌다.

종환이는 중상위권 정도의 성적을 유지하고 있었다. 여느 학생들처럼 수학과 영어를 개인지도 받고 있던 종환이는 나와 처음 만난 날 "학교와 과외 선생님이 내준 숙제가 많아서 힘들다"고 불평하였다.

숙제가 일정 수준을 넘어서면 더 이상 공부가 아니라는 것을 간과하는 선생님들이 많은데, 과도한 숙제는 공부에 대한 흥미를 떨어뜨리고 공부에 거부감을 갖게 한다. 물론 선생님이나 부모님 입장에서는 TV 보는 시간, 컴퓨터 앞에서 노닥거리는 시간, 아무 생각 없이 멍하게 앉아 무의미하게 보내는 시간을 조금만 아끼면 숙제가 얼마든 문제가 안 될 거라고 생각할 것이다.

종환이가 만약 초등학교 저학년이라면 부모님이나 선생님이 시키는 대로 했을지도 모른다. 하지만 중학생인 종환이는 '왜 이걸 억지로 해야 하나?', '언제까지 이렇게 살아야 하나?' 하는 고민으로 힘들어 하고 있었다.

그래서 어머니한테 "과외 선생님께 얘기해서 숙제를 반으로 줄이도록 하는 게 어떨까요?"라고 제안 드렸다. 물론 어머니는 많이 난감해하셨다. 어쩐지 불안하기 때문이다.

"짧은 시간이라도 집중해야 하고 그래야 재미와 보람을 느낄 수 있습니다. 지금 방식으로 계속 간다면 많이 지칠 것이고 의욕도 저하될 것입니다."

"그렇지 않아도 과외 선생님한테 들으니 애가 숙제를 제대로 안한다고 그러네요."

종환이에게는 "공부는 양이 문제가 아니라 5분을 하더라도 집중하는 것이 중요하다"고 말해주었고, "공부를 많이 하려 하지 말고 정확하게 하라"고 충고하였다. 또 "모르는데 그냥 넘어간다거나, '나중에 하지 뭐' 이런 식으로 미루는 것들은 공부를 못하게 되는 지름길"이라고 말하며 '공부습관 만들기 프로젝트'에 돌입했다.

거꾸로 학습코칭

나는 매 수업마다 그날 배운 내용을 다시 생각해서 적게 하였고, 그 내용을 설명하게 하였다. 그리고 상대적으로 약한 국어와 과학 과목은 교과서와 참고서를 여러 번 슬로리딩으로 읽게 하였다. 상황에 따라서는 슬로리딩으로 예습을 하게도 하였다.

이렇게 복습과 교과서 읽기 등이 어느 정도 익숙해지자 매일 매일 실천할 수 있도록 공부습관일지를 쓰도록 하였다. 공부습관일지는 쓰다 보면 저절로 공부 습관이 만들어지도록 구성한 플래너와 학습일기의 결합 형태다.

공부습관일지를 2권을 쓰고 나자 종환이는 혼자서 공부할 수 있는 힘을 갖게 되었고 지금은 나름의 방식대로 공부해나가고 있다.

그동안 수업하고 난 소감을 말하라고 하니 "전에는 '계획이 무슨 필요가 있나'라고 생각했는데 한 번 해보고 나니까 정말 많은 도움이 되었어요. 공부습관일지도 계속 쓰다보니까 정리가 잘 되었고 또 무엇을 공부하고 있는지 정확하게 알게 되니까 대비하기도 좋았어요"라고 말하며 웃었다.

거꾸로 학습코칭 포인트

1. 공부를 잘하기 위해서는 스스로 돌아보는 시간이 필요하다. 공부일기를 쓰다보면 자신의 문제를 발견하게 되고 효과적인 계획을 세울 수 있다.

2. 공부습관일지를 통해 그날 공부 계획 및 평가와 점검을 할 수 있다. 일정 기간을 쓰다보면 저절로 공부 습관이 만들어진다.

자연스러운 공부

착하게 되는 것도 습성에서 말미암고, 악하게 되는 것도 습성에서 말미암는다.
발전하는 사람이 되느냐 퇴보하는 사람이 되느냐 하는 것도
발 한 걸음 내딛는 사이의 일이다.

— 조식(曺植)

중3 용욱이의 성적은 중상위권이었는데, 학년이 올라갈수록 성적
이 떨어져서 부모님의 걱정이 많다. 학교 수업 외에도 학원이나 과
외 등 많은 것을 하고 있지만 효과가 없어서 고민하다가 코칭을 의
뢰하게 되었다고 했다.

"아이에게 공부할 의욕을 넣어주고, 공부 방법을 알려줄 분이 필
요해요." 어머니는 간절한 마음을 담아 이렇게 얘기했다. 사실 상
담해보면 많은 부모들이 비슷한 얘기를 한다. 먼저 간단한 설문을

하였다.

용욱이는 자신의 단점을 "수줍음이 많고, 표현을 어려워하는 것"이라고 적었고, "책 읽기를 좋아한다"고 적었다. 이렇게 아이의 장단점에 대해서 이야기한 다음, 목표에 대한 이야기로 넘어갔다.

"엄마가 공부에 대해 간여하셔서 기분이 별로 좋지 않지?"

용욱이는 "네" 하면서 고개를 끄덕인다.

"엄마가 보기에 네가 목표가 분명하지 않다고 생각하니까 자꾸 '이거해라, 저거 해라' 하시는 게 아닐까? 네가 분명하게 너의 목표를 가지고 너의 공부를 해나간다면 엄마가 너를 적극적으로 돕게 될 거야. 알겠지?"

이렇게 말했더니 용욱이는 고개를 끄덕이며 눈을 반짝인다.

2번째 만남

2차 코칭 때부터는 본격적으로 수업을 진행했다. 우선 지난 만남 때 얘기한 목표에 대해서 좀 더 깊은 얘기를 나누었다. 자신이 진학하고 싶은 대학과 학과에 대해서도 의견을 주고받았다. 용욱이는 1학기 기말고사 성적이 떨어져서 더 올리고 싶다고 했다. 그래서 구체적인 점수를 생각해보기로 했다.

"2학기에 얻고 싶은 성적에 대해 생각해보자. 목표를 세울 때는 구체적이면서도 달성하기 어려운 약간 도전적인 목표를 세우는 게 좋아. 자신의 마음과 정신을 온전히 집중할 수 있는 목표를 정하는 게 중요하고."

용욱이는 학습 의욕이 충분하다고 판단했기 때문에 바로 〈읽기 연습 – 슬로리딩 플러스〉에 들어갔다. 용욱이가 가장 어려워하는 역사 교과서로 시작했다. 2학기에 배울 내용을 미리 읽어나가기로 했다. 교과서 한 단원을 한 절씩 천천히 읽게 하였고, 이렇게 5번을 반복한 후 책을 덮고 노트에 적게 했다. 용욱이는 독서를 좋아하는 편이라서 5회독을 진행하는 데 큰 어려움은 없었다. 독서량이 부족한 학생은 5회독을 어려워하는 경우도 있는데, 그럴 때는 3회독 정도로 줄여서 진행한다.

책을 읽던 용욱이가 처음 보는 단어라며 질문을 해왔다.

"선생님, 그런데 전제정치가 뭐예요?"

"음, 우선 네가 대충 뜻을 짐작해봐. 그리고 계속 읽어나가도록 해. 정확한 뜻은 이따가 사전에서 찾아보자. 그러면 네 짐작이 맞는지 알 수 있겠지."

매번 읽을 때마다 읽은 시간을 적게 하였다.

1회 : 4분 20초 / 2회 : 10분 05초 / 3회 : 2분 20초 / 4회 : 3분 10초 / 5회 : 2분 30초

시간을 합쳐 보니 약 23분 정도 읽었다. 역사 교과서를 이렇게 집중해서 오랫동안 읽어보는 것은 처음이라고 했다. 책을 읽은 다음 읽은 내용을 연습장에 적어보라고 했다.

"자, 이제 지금까지 읽은 내용을 최대한 기억해서 적어보자. 오늘은 처음이라 잘 기억나지 않을 수도 있어. 하지만 열심히 생각해보는 게 중요해. 공부는 입력뿐만 아니라 출력도 중요한 거거든."

용욱이는 연습장에 여섯 줄을 적었다. 생각보다 기억이 잘 안 나서 답답한 표정이었다.

"막상 적어보려고 하니까 기억 안 나는 게 있었지?"

"네, 책을 막 펼쳐보고 싶더라구요."

"그래? 그럼, 지금 봐봐. 무엇이 기억 안 났는지."

책을 보더니, "확인 했어요" 한다.

"지금, 본 내용은 잘 잊어버리지 않을 거야. 오늘은 처음이라 출력하는 연습이 잘 안 돼서 힘들었겠지만 시간이 지나면 더 잘 할 수 있을 거고."

"이런 방식으로 읽는 것은 어떤 거 같아? 괜찮은 것 같아?"

"네, 아주 좋았어요."

"다음주에 만날 때까지 하루에 한 문단씩 정리해볼 수 있겠니? 이건 일종의 숙제야"

"네, 해볼 게요^^"

"읽은 시간도 잘 기록해놓아야 해. 그리고 연습장에 기록한 내용들은 나중에 책으로 엮어줄 테니까 잘 기록하고.”

용욱이가 고개를 끄덕이며 그렇게 하겠다고 한다.

“그동안 엄마가 공부에 많이 간섭을 하셨니?”

“네, 아~~주 많이요.”

“음, 이제 엄마가 간섭을 많이 안하실거야. 네가 주도적으로 해봐.”

3~4차 코칭

3차 코칭 때 확인해보니 용욱이는 5회독 읽기 숙제를 3일만 진행하였다. 조금 힘들었던 모양이다. 다시금 ‘읽고 적어보기’의 중요성을 얘기하고 따로 노트를 만들어 해보라고 하였다. 그리고 다시한 번 2차 때 했던 방식으로 읽기 훈련을 실시하였다.

4회째 코칭.

이번에는 노트 정리를 정말 깔끔하게 해놓았다. 엄마한테 들으니 노트 정리 하느라 많이 애썼다고 했다. 잘 소화하고 있는지 확인하기 위하여 소목차 하나를 선택하여 설명해보라고 했다. 용욱이가 많이 당황하는 모습이어서 5분의 시간을 주고 준비하게 하였다. 발표는 좀 서툴렀지만 그런 대로 일목요연하게 하였다. 책 읽기 훈련을 두세 번 더 해야 할 것 같다는 생각이 들었다.

용욱이는 수학 과외를 하면서 수학에 치중하다 보니 상대적으로 다른 과목이 부족한 상황이었다. 특히 영어를 어떻게 하는 게 좋을지 물어왔다. 그래서 영어 교과서를 한번 예습해보자고 했다. 교과서 7과의 본문을 역사 교과서 읽듯이 슬로리딩으로 읽어보라고 했다. 10분이 조금 넘게 걸렸다.

"선생님, 영어를 이렇게 읽어보는 건 처음이에요. 이렇게 읽으니까 정말 아이디어도 많이 떠오르고 이해도 훨씬 잘 되네요."

"예전에는 어떻게 했지?"

"그냥 문장을 쭉 읽었어요. 그냥 문자를 읽어나가는 거죠. 의미 파악 없이 쭉 읽어나가고 해석은 나중에 자세히 하자 하는 마음으로 읽었어요. 한번 읽은 다음 다시 처음으로 돌아와 해석을 했어요. 그런데 천천히 읽으니까 이해도 잘 되고 기억도 잘 나는데요. 신기해요."

"그럼, 매일 10분을 투자할 수 있겠어?"

"네, 7과가 익숙해지면 8과로 넘어 갈게요."

"한 가지 주의해야 할 것은 8과를 읽기 전에 먼저 7과를 읽어야 하는 거야."

"근데 그렇게 하면 시간이 많이 걸릴 텐데요."

"8과는 슬로리딩으로 읽고 7과는 평소에 읽듯이 쭉쭉 읽어도 돼. 부담 없이 편하게. 반복이 돼서 빠르게 읽어도 눈에 잘 들어올 거야."

"그렇게 하면 7과를 잊어먹지 않고 잘 기억할 수 있겠네요."

"오우, 브라보. 이해를 잘 했구나."

자기경영일지와 자연스러운 공부

영어와 역사 슬로리딩이 잘 진행돼서 5회차부터는 〈자기경영일지〉를 설명하고 써나가게 했다. 자기경영일지는 하루의 공부 계획과 평가로 이루어져 있는데, 스스로 계획하고 이를 바로 피드백하게 되어 있어 아주 효과적이기 때문에 자주 활용하고 있다.

사실 '슬로리딩 플러스'와 '자기경영일지'만 잘 활용하면 학습코칭에서는 다른 방법이 굳이 필요하지 않다. 일지를 쓰면서 용욱이는 공부 시간이 더 늘어났다. 자신의 목표에 대해서 더 많이 생각하게 되었고, 목표를 이루기 위한 세부 계획을 세우고 평가하는 습관을 갖게 됐다.

일지를 쓰면서부터 용욱이는 점점 더 체계적인 공부를 하게 되었다. 계획했던 대로 4개월 과정을 마치고 혼자서 공부를 해나갈 수 있을 정도가 되었다.

용욱이는 엄마와의 갈등으로 자신에게 맞는 공부 방법을 찾지 못했다. 엄마가 '이렇게 해라 저렇게 해라' 지시하고, 목표도 정해줬다. 그러다 보니 용욱이는 자신의 속도와 수준에 맞는 공부를 하지 못하고 엄마와 대화도 하지 않으려 했다. 옆집 아이의 속도와 수준에 맞는 공부를 하게 되면 당연히 자신만의 공부 스타일을 만들기 어렵다. 공부는 자기를 찾는 과정이기도 하다. 자신에게 맞는 자연스러운 공부를 할 수 있도록 안내해주어야 한다.

[자기 경영 일지]

날짜	월 일 요일	
일어난 시각	잠자리에 든 시각	
과목	To do list 나의 꿈과 목표를 위해 오늘 할 일	결과 (○, △, ×)
학습 만족도	오늘 나의 태도와 학습 만족도는 100점 만점에 ( ) 점	
잘한 일 & 반성할 일		

오늘도 나의 〈목표〉에 대해 자주 생각해 보았나요?
(상 / 중 / 하)

17살 때 이런 경구를 읽었습니다.
"매일 매일을 인생의 마지막 날처럼 산다면
언젠가는 당신의 인생이 옳은 삶이 될 것이다."
이 글은 감명을 주었고 저는 그 이후 33년간
매일아침 거울을 보면서 제 자신에게 질문을 던졌습니다.
"오늘이 내 인생 마지막 날이라면 오늘 하려는 일을 할 것인가?"
– 스티브 잡스

거꾸로 학습코칭

과정 중심의 공부

위대한 목수는 아무도 보지 않는다고 해서
장롱 뒤에 질이 나쁜 목재를 사용하지 않는다.

— 스티브 잡스

우리는 인생을 '시험의 연속'에 비유하곤 한다. 초등학교를 들어가면서부터 시험을 통해 경쟁이 시작되고 학교를 졸업하고도 입사시험과 승진시험 등이 계속된다. 시험을 가장 공정한 평가제도라 여기고 있으며 인재를 선발하는 주요 수단으로도 활용하고 있다. 시험을 잘 보지 못한 사람은 능력이 부족하고, 시험을 잘 본 사람은 우수한 인재라고 평가받는 것이 당연시 되어 누구도 이의를 제기하지 않는다. 이러한 평가 시스템은 매우 공고히 자리잡고 거부할 수 없는 힘으로 사람들을 가둔다.

사실 시험은 '개천에서 용이 나게 하는' 중요한 수단이기도 하였다. 시험이라는 사다리를 통해서 신분 상승을 이루고, 자신의 꿈을 이룬 사례를 자주 볼 수 있었다. 그동안 산업의 발달과 근대화 과정에서 시험을 통한 인재선발 시스템은 나라의 발전을 이끌어가는 중요한 도구가 되었다.

한편으로는 이러한 '시험'의 중요성과 역할에 대해 그리고 시험의 공정성에도 의문이 제기되고 있다. 더 이상 과거의 평가 시스템으로는 미래에 적합한 인재를 양성하기도 어렵다는 것이다. 그렇다면 과연 현재의 시험제도는 어떤 문제를 가지고 있고 어떻게 변화해야 할 것인가?

시험의 기술

많은 이들은 '시험 성적'이 곧 '실력'이라고 믿는다. 하지만 실력에 비해 시험을 잘 보는 사람도, 못 보는 사람도 존재한다. 미국 입시계의 스타라 불리는 로버트 스턴버그는 시험점수가 x값이라면, $x=T+E$, 즉 T(True Score)값에 더해 E(Error Score)값인 크고 작은 기술들이 더해져 만들어진다고 주장했다. 즉, 시험은 진정한 자기실력에 오차점수가 합쳐져서 시험점수가 정해진다는 것이다. 여기서 오차점수란 그날의 날씨라든가 주변 환경, 수험생의 건강 상태나 심리적 성향 등을 말한다. 예를 들어 긴장을 잘하는 학생이라면 마음이 위축되어 제 실력을 발휘하기 어렵다. 하지만 시험에서 측정 오차는 불가피하다. ±5점만 되도 80점이나 90점이나 실력 차이를 구별하기 어려운 것이다. 하지만 현실에서는 이것을 엄격히 구별한다. 점수가 떨어지면 무조건 노력을 하지 않아서 그렇다고 단정짓는다. 이는 학생의 학습 의욕을 떨어뜨리고 그동안 노력한 것에 대해 인정하지 않는 위험한 태도라 할 수 있다.

또한 일반적으로 시험은 일정한 패턴을 가지고 있다. 그래서 어떤 시험이든지 학원이나 수험서에서 패턴을 분석하고 적절한 기술을 알려준다. 많은 공부의 고수들이 공통적으로 얘기하는 것은, 시험은 반복적인 경향이 있고 그것을 잘 분석하고 평가해서 잘 암기하는 것이 중요한 관건이라는 것이다.

따라서 이러한 기술을 잘 익히지 못하면 공부를 열심히 하고도 시험에서 자신의 실력을 발휘하지 못할 수도 있다. 그러므로 이러한 시험으로 그 사람의 진정한 실력을 평가했다고 보기는 어렵다.

국제학업성취도 평가의 의미

읽기 · 수학 · 과학 세 영역에 걸쳐 3년 주기로 실시되는 피사(PISA, 국제학생평가프로그램)는 일종의 '공부 올림픽'으로 자리잡고 있다. 한국 학생들은 피사가 처음 실시된 2000년 이후 매회 최상위권을 유지하고 있다. 그런데 여기서 한 가지 주목할 것이 있다. 우리나라는 읽기 영역의 국가별 순위에서 평균으로는 6위에 그쳤지만 3등급 이상 학생의 비율은 76%여서 핀란드 다음으로 2위를 차지했다. 하지만 동시에 5등급의 비율은 6%에 불과했다. 최상위권인 5등급 이상 학생들의 비율로 다시 순위를 매길 경우 우리나라는 순식간에 20위로 떨어지면서 대부분의 선진국보다 뒤로 처지게 된다.

우리는 PISA 결과를 보고 한국 학생들이 미국 학생들보다 훨씬 공부를 잘한다고 생각한다. 그러나 정확히 말하면 미국보다 학습 부진아가 훨씬 적어서 전체 평균이 높은 것일 뿐, 최상위권 학생의 비율은 미국이 우리보다 5%나 많다. 인구를 감안하면 결국 지식정보 사회의 인재가 미국에 훨씬 많이 있다는 뜻이 된다.

피사의 목적은 각 나라에 창의적 인재가 얼마나 확보되었는지 확인하는 것이다. 전체 순위가 높다고 해서 창의성까지 높은 것은 아니다. 최상위 등급의 비율이 어느 정도인지 확인하는 것이 중요하다. 따라서 시험의 평가방법이 이러한 창의성을 측정하거나 키워주는 방향으로 바뀔 필요가 있음을 알 수 있다.

어떻게 공부하고 평가할 것인가?

다행스럽게도 최근에는 입시나 입사시험에서 다양한 평가 방법들이 도입되고 있다. 대입에서도 수능 위주의 정시 전형이 줄어들고 학생부 전형 중심의 수시가 확대되고 있는데, 앞으로 이러한 평가 방식은 더욱 확대될 전망이다.

따라서 아이들이 공부를 할 때 사고력과 창의력을 개발하는 방향으로 공부를 해나갈 수 있도록 해야 한다. 즉 진정한 실력, 문제를 해결할 수 있는 역량을 기르는 데 초점을 맞추는 공부가 돼야 한다. 그러기 위해서는 어려운 문제에 도전해서 깊이 생각하거나, 질문하고, 토론하고, 실습하는 등이 도움이 된다.

창의력은 티칭에 의한 것보다는 스스로의 훈련과 경험에 의해 만들어지는 것이다. 따라서 암기 위주에서 이해와 생각 위주로 바꾸고 자기주도적 학습이 되도록 해야 한다. 결과 중심이 아닌 과정 중심의 공부가 되도록 해야 한다.

거꾸로 학습코칭 포인트 

1. 시험 성적이 진정한 실력은 아니다. 문제를 해결할 수 있는 역량을 기르는데 초점을 맞추는 공부가 돼야 한다.

2. 사고력과 창의력을 개발하는 공부가 되기 위해서는 어려운 문제에 도전해서 깊이 생각하거나 질문, 토론, 실습 등이 도움이 된다.

시험 피드백과 코칭

어제를 버리지 않고 내일을 만드는 것은 불가능하다.

– 피터 드러커

최상위권 학생과 일반 학생은 어떤 차이점이 있을까? 중하위권 학생들은 대부분 '벼락치기'식으로 시험공부를 한다. 시험 범위를 미처 제대로 다 공부하지도 못하고 시간에 쫓겨 허둥지둥 문제집만 풀다 시험을 치르기 일쑤다. 그러다 보니 제대로 개념을 이해하지 못했거나, 단순하게 암기한 때문에 핵심을 놓치거나, 아는 문제도 실수로 틀릴 때가 많다. 시험이 2~3주 앞으로 다가와도 아직 시간이 많다며 여유를 부리다가 시간에 쫓겨 벼락치기를 하는 악순환을 거듭한다. 이런 패턴을 시험 때마다 반복한다.

이런 학생에게 부모나 코치는 어떻게 코칭해주는 것이 좋을까? 앞에서 얘기한 여러 가지 코칭 스킬을 활용해서 좀 더 시험 준비를 잘해 나갈 수 있도록 이끌어주어야 한다.

질문을 통한 동기 강화

'동기 강화 상담' 분야의 선구자이자 권위자인 예일대학교의 마이클 판탤론(Micheal Pantalon) 교수는 동기 강화 상담을 할 때 사람들을 압박하거나, 벌을 주거나, 외적 보상을 주는 방법이 아닌 질문을 통해 상대방의 내적 동기를 자극하여 행동의 변화를 일으키도록 이끈다. 그는 특히 움직이려고 하지 않는 사람에게는 즉각적인 대답을 요구하는 질문이 그다지 효력이 없다는 사실을 발견하고, 그 대신 생각하게 하는 질문을 하면 훨씬 더 동기부여를 잘할 수 있다고 주장한다.

예를 들어, 기말시험이 다가오는데도 아이가 능장을 부리거나, 공부하라고 얘기를 해도 외면하거나, 못 들은 척하면서 공부를 미룬다면 어떻게 해야 할까?

판탤론은 "얘, 시험이 얼마 안 남았는데 빨리 공부해야지. 시험공부 얼마나 했니? 시간이 없는데 어서 좀 해라"라고 하지 말고 다음처럼 하라고 권한다.

첫 번째 질문 : 시험 준비가 전혀 안 된 게 1이고 완벽하게 준비된 게 10이라고 했을 때, 1부터 10중에서 너는 어디에 해당하니?

아이가 1부터 10 사이에서 본인이 생각하는 숫자를 얘기한다. 그러면 다음 질문을 한다.

두 번째 질문 : 그보다 더 낮은 숫자를 고르지 않은 이유가 뭐지?

하기 싫어하는 사람에게는 '예 또는 아니오' 같은 양자 택일식 질문 보다는 1부터 10까지 중에서 자기가 속한 부분의 숫자를 말하라고 하면 '아니오.'라고 답을 하게 됨으로써 전혀 의지가 없는 것으로 파악될 수 있는 사람도 낮은 수준의 숫자를 말함으로써 조금은 의지가 있다는 사실을 발견할 수 있다.

또 한 가지 중요한 사실은 아이가 4가 아니라 5를 선택한 이유를 설명하면서 어느 순간 자신이 왜 공부하고 싶은지 앞으로 어떻게 할 계획인지 적극적으로 설명하게 되고 이를 행동으로 옮길 가능성이 커진다는 것이다.

따라서 아이에게 직접적인 지시로 시험공부를 유도할 것이 아니라 적절한 질문을 통해 스스로 행동의 변화를 할 수 있도록 코칭해 주어야 한다.

시험이 끝나고 배우는 것들

서진이는 중간고사 시험을 망치는 바람에 기분이 영 좋지 않다. 올해 첫 시험인지라 나름대로 긴장도 하고 준비도 한다고 했는데 계획만큼 공부 시간이나 학습량이 따라주지 못했다. 탐구과목은 충분히 공부하지 못하고 시험을 봐야 했다. 모르는 것과 아는 것이 뒤죽박죽으로 섞여서 더 헷갈리는 지경에까지 이르고 말았다. 도대체 무엇이 문제였던 것일까? 서진이에게 물었다.

"시험을 준비하면서 뭐가 부족했던 거 같니?"

"일단, 생각보다 준비 시간이 부족했어요."

"얼마 정도 준비했는데?"

"2주 전부터 준비했는데요. 제대로 공부하기엔 시간이 많이 부족했어요."

"그럼, 다음에는 어떻게 계획하는 게 좋을까?"

"최소 3주나 4주 전부터는 준비해야겠어요."

시험과 평가는 공부를 촉진시키는 좋은 촉매제다. 평소에 시험을 전제로 예습과 복습을 꾸준히 해나간다면 시험에 임박하여 당황하는 일은 없을 것이다.

시험에서 지속적으로 좋은 성과를 얻기 위해서는 반드시 시험 후 '피드백(feedback)'을 거쳐야 한다. 피드백은 자기의 강점과 약점을 파악하고, 이를 효과적으로 개선하는 방법을 알려주기 때문이다. 시험이 끝난 뒤 실망감으로 공부할 의욕을 잃은 학생이라면 자신을 발전시키는 피드백 5단계에 따라 다음의 질문을 스스로에게 던져보게 하자.

첫째, 지난 시험에서 성적이 낮은 과목의 요인은?

'이번 시험에서 유독 영어 점수가 떨어진 이유는 무엇인가?', '지난 시험과 비교해 시험이 전체적으로 어려웠는가?', '국어가 예상보다 어렵게 출제된 이유는 무엇일까?' 등의 질문에 답하며 시험 전반에 대한 자기의 생각을 구체적으로 글로 적는다. 이렇게 하면 시험을 치르면서 잘못했던 점과 개선할 점을 찾을 수 있다. 단순히 시험에 대한 느낌을 머릿속에만 떠올리지 말고 지난번 시험과 비교해 어떤 부분에서 잘못했고 잘했는지 구체적으로 적는다.

둘째, 시험 계획은 적절했는가?

'시험 계획을 체계적으로 잘 세웠는지', '공부한 분량은 충분했는지', '계획한 대로 실천했는지' 등을 묻는다. 계획 단계에서부터 문제가 있었다면 시험 준비 과정이 제대로 진행될 수 없다. 이 물음의 답을 토대로 다음 시험을 위한 학습계획을 세운다.

셋째, 계획대로 잘 실천했는가?

거꾸로 학습코칭

시험을 준비하는 기간뿐 아니라 시험을 치르는 기간에 어떻게 생활했는지 뒤돌아본다. 휴대폰, TV, 컴퓨터 등 공부를 방해하는 유혹거리를 어떻게 조절했는지 집중적으로 점검한다. 지난 시험을 준비하면서 TV 드라마 때문에 시간을 낭비했다면 이번 시험 기간에 똑같은 잘못을 반복하지 않도록 대비책을 세운다. '만약에 시험 기간에 TV 드라마의 유혹이 생기면 ○○○ 하자' 등으로 미리 대안을 준비해둔다.

넷째, 취약 과목을 어떻게 극복할 것인가?

이전 시험에서 결과가 안 좋았던 과목을 확인한다. 취약 과목의 난이도는 어땠는지, 어떤 문제에서 헤맸는지를 꼼꼼히 살핀다. 취약 과목은 일반적으로 학습 시간을 좀 더 늘려야 한다. 평소에 어느 정도로 시간을 더 늘릴지 생각해본다.

다섯째, 다음 시험을 위한 목표와 지금부터의 학습계획을 세운다.

이전 시험에 대한 반성을 토대로 다음 시험의 목표를 설정한다. 어떤 부분을 가장 시급히 고쳐야 하는지, 더 나은 목표를 위해 내가 할 수 있는 일은 무엇인지를 학습계획표에 구체적으로 적는다. 목표와 계획이 확실하면 수업시간 집중도도 높아진다.

위와 같은 방법을 다른 식으로 응용할 수도 있다.

예를 들어, 시험이 끝나자마자 이번 시험에서 자신의 공부 전략, 자신이 범했던 실수, 고쳐야 할 점, 다음 시험을 위한 계획 등과 같은 시험에 관한 성찰을 백지에 에세이 형식으로 쓰도록 한다. 그리고 그 종이를 보관하고 있다가 다음 시험을 치기 전에 학생들에게 돌려주고 다시 검토하도록 한다. 그러면 학생들은 지난 시험 후에 자신이 가졌던 생각을 돌이켜보면서 다음 시험을 준비하며 새로운 시도와 전략을 사용하게 된다.

또 코치가 〈시험 되돌아보기〉 설문지를 나눠주고 학생이 기록하게 하는 것도 방법이 될 수 있다.

시험 되돌아보기

1. 이번 시험에서 가장 만족한 결과가 나온 과목은 무엇입니까?

2. 시험 준비는 충분하였나요? 부족하였나요?

3. 시험을 준비하면서 잘한 일은 무엇입니까?

4. 시험을 준비하면서 부족했던 점은 무엇입니까?

5. 시험시간에 긴장하거나 불안하지는 않았습니까?

6. 목표와 계획은 적당했다고 생각하세요? 무리한 목표를 세우지는 않았나요? 다음 시험엔 어느 정도의 목표가 적당하다고 생각하세요?

7. 다음 시험에 꼭 좋은 성적을 받고 싶은 과목은 무엇입니까?

8. 시험 끝나고 틀린 문제와 잘 모르는 문제에 대해서 이유를 살펴보고 확실하게 알고 넘어갔나요? 다음 시험에 똑 같은 문제가 나온다면 맞출 수 있나요?

9. 다음 시험을 위해서 평소에 어떤 방식으로 공부하는 것이 좋을까요?

가르침 없이 배우기

영어 강사 출신으로 각종 TV와 라디오 영어 프로그램을 도맡아 진행하며 인기를 얻은 K교수가 초등학교 자녀의 영어를 지도할 때의 이야기다.

명문대 영문과를 졸업한 그의 딸은 아버지의 영향으로 어렸을 때부터 영어를 잘했을 것 같지만 실제로는 초등학교 때 영어를 싫어했다. 영어 전문가로 널리 알려진 아빠 때문에 오히려 영어에 대한 거부감이 있었던 것이다.

그래서 K교수는 어린 딸의 영어에 대한 흥미를 일으켜주기 위해서 직접 가르치기보다는 다른 방법을 선택했다. 아이가 학교를 마치고 학원을 다녀오는 길에 패스트푸드점에 들러 햄버거를 먹고 온다는 사실을 안 아버지는 외국인 유학생을 섭외하여 아이에게 편하게 말을 걸어보라고 했다.

어느 날 패스트푸드점에서 햄버거를 먹고 있던 아이는 영어로 말을 걸어오는 외국인을 만났다. 외국인과 대화를 나눈 아이는 집에 와서 이 엄청난 사건을 흥분된 얼굴로 전했다. 그리고 비슷한 일이 몇 번 더 이어졌다. 아버지는 그 외국인 삼촌에게 고마움을 표시하고 싶다며 저녁 식사에 초대하라고 딸에게 말했다.

저녁식사에 초대된 외국인에게 아버지는 고마움을 표시하고는 앞으로도 종종 아이와 대화를 해 달라고 부탁했다.

모든 것이 아버지의 작전대로 진행되었다. 외국인 삼촌과 영어로 대화하는 일이 많아지면서 아이는 영어에 대한 관심과 흥미가 더욱 높아졌다. 그러자 아버지는 딸에게 영화를 많이 보여 주고 팝송이나 비디오, 잡지를 통해서 영어와 더욱 친해지도록 환경을 조성했다. 이때도 아버지는 영어를 직접 가르치지는 않았다. 시나브로 영어에 재미를 붙인 아이는 어느 순간 매우 높은 수준의 영어를 구사할 수 있게 되었다.

아이의 아버지는 영어를 잘 가르칠 수 있었지만 직접 가르치지 않았다. 그 대신 딸에게 영어를 배우고 싶은 환경을 제공하여 동기를 한껏 끌어 올린다음 스스로 배우고 익힐 수 있게 한 것이다.

아이를 가르치려면 많은 지식을 가지고 있어야 한다고 생각하기

에필로그 가르침 없이 배우기

쉽다. 하지만 많이 알고 있는 것이 오히려 독이 되어 아이의 학습의 욕을 꺾어 놓곤 한다. 아이가 말을 배울 때 엄마의 학력이 중요하지 않듯이, 아이의 공부를 지도할 때도 아이의 공부 의욕을 어떻게 끌어내 줄지 고민하는 것이 먼저다.

어릴 적 알파벳 한 글자를 외우는 데 1년씩 걸렸던 지독한 열등 생이었던 다니엘 페낙은 훗날 아이들을 가르치는 교사가 되었고, 베스트셀러 작가가 되었다. 그는 자신의 에세이《학교의 슬픔》에서 이렇게 고백하고 있다.

> "그러니까 나는 공부를 못하는 학생이었다. 어렸을 때, 나는 날마다 학교에서 들볶이다 저녁 늦게야 집에 돌아왔다. 내 공책에는 선생님들의 꾸지람이 적혀 있었다. 반에서 꼴찌가 아닐 때는 꼴찌 바로 앞이었다."

페낙은 여느 열등생처럼 해야 할 일을 결코 해내지 못하는 수치심과 혼자만 이해하지 못하는 고독 속에 살았다. 열네 살, 기숙사 생활을 할 때 엄마에게 보낸 편지를 보면 그가 얼마나 학업을 힘들어 하고 있었는지 짐작할 수 있다.

사랑하는 엄마,
나도 성적표를 봤어요. 나도 속상하고, 지긋지긋해요. 잘한다고
믿었던 수학에서 1점을 받으려고 두 시간을 쉬지 안코 숙제를
했스니 생각해보면 실망할 만하죠. 또 시험 과목을 복습하려고
다른 일을 다 노아버렸고 실전 연습 4점은 분명 수학 시간에 지
리 시험을 복습한 것을 설명해줘요.(…)
나는 공부를 계속하기에는 머리가 조치 안코 열심히 하지도 않
아요. 공부가 재미없어요. 책들 속에 갇힌 채 머리를 붙잡아 놀
수가 없어요. 영어와 수학은 잼병이고 철자법은 엉망인걸요. 또
뭐가 남았나요?

철자법도 엉망인 채로 공부가 힘들어 엄마에게 하소연 하는 소
년은 얼마나 마음이 답답했을까?

앞날이 보이지 않던 열등생 페낙을 문학성과 대중성을 인정받는
인기 작가로 만들어 준 계기가 있다.

중학교 4학년 때 그의 첫 번째 구원자가 나타났다. 바로 국어를
가르치는 노(老) 선생님 이었다. 숙제를 안 해간 그에게 선생님은
논술 숙제 대신 한 학기 동안 매주 한 장(章)씩 소설을 써오라고 제
안했던 것이다. 단 엉망인 철자법에 신경을 쓰며 소설을 읽고 싶지
않으니 '비평의 수준을 고양시키기 위해서'라도 틀린 글자 하나 없
는 소설을 써오라고 부탁했다. 그날 이후 페낙은 열정적으로 소설
을 썼다. 사전의 도움을 받아가며 조심스레 단어 하나하나를 고치

에필로그 가르침 없이 배우기

고, 정해진 날짜를 지켜가며 숙제를 제출했다. 그렇게 페낙은 시나브로 독서와 공부의 길로 들어서게 되었다. 한 학생의 잠재력을 끌어내기 위해 무엇을 어떻게 할지 정확히 꿰뚫어본 교사가 페낙의 삶을 바꾼 것이다.

열등생이었던 다니엘 페낙이 교사와 소설가가 될 수 있었던 것은 '사랑' 덕분이었다. 무엇보다 그에게는 그를 구원해준 스승들이 있었다. 그들은 어떠한 교육학적 이론이나 심리학적 지식을 내세우지 않고, 오로지 자신이 가르치는 과목에 대한 열정과 자신의 지식을 전해주려는 즐거움으로 아이들에게 다가갔다.

그들은 아이들에게 이해하려는 욕망을 되살려 주었다. 아이들과 발걸음을 한 걸음씩 함께 해 주었고, 작은 진전에도 함께 기뻐해 주었다. 또한 더디기만 한 그들의 속도에 불만을 드러내지 않았으며, 작은 실패나 실수에 대해 모욕하지도 않았다.

모든 점을 잘 따져보면 이 세 분의 선생님에게는 한 가지 공통점이 있었다. 결코 포기하지 않는다는 것. 그들은 모른다고 하는 우리의 고백에 속아 넘어가지 않았다. (철자법의 결함을 이유로 내세우며 지 선생님은 내게 얼마나 여러 번 논술문을 다시 쓰게 했던가? 발 선생님은 내가 복도에 멍하니 있거나 자습실에서 몽상에 잠겨 있었다는 이유로 얼마나 여러 번 보충수업을 시켰던가? "시간이 있으니까 우리 한 십오 분만 더 수학을 해보면 어

떨까, 페나키오니? 자, 십오 분만 해보자······") 익사 위기에서 구해내려는
그 몸짓의 이미지, 자살하려는 몸짓을 보이는데도 불구하고 저 위
로 나를 끌어올리려는 그 손목, 내 옷자락을 단단히 움켜쥔 살아 있
는 손의 생생한 이미지, 이런 것들이 바로 그분들을 생각할 때마다
맨 처음 떠오르는 모습이다. 그들의 현존 안에서 그들의 과목 안에
서 나는 나 자신의 모습에 눈을 떴다. 수학자인 나, 역사가인 나, 철
학자인 나로. 그러한 나는 이 스승들을 만날 때까지 진정으로 여기
있다는 느낌을 방해했던 나를 한 시간 동안 잠시 잊고, 나를 괄호 속
에 집어넣고, 나로부터 나를 치워버렸다.

《학교의 슬픔, 323~324p》

중요한 것은 페낙을 구원해준 선생님들이 학생들과 공유했던 것
은 단지 앎이 아니라, 앎에 대한 욕망 자체였다. 그래서 학생들은 허
기를 느끼면서 수업에 참여했고, 선생님으로부터 존중도 받았다.

그들은 아이들의 무능한 학교생활의 원인이나 이유에 대해서는
신경 쓰지 않았다. 원인을 찾느라 시간을 허비하지도 않았거니와 설
교를 하려 들지도 않았다. 그들은 그저 위기에 빠진 청소년을 마주
하고 절박한 상황이라고 생각하며 몸을 던졌다. 매일같이 다시 몸
을 던지고, 던지고 또 던졌다. 그리고 마침내 페낙을 거기서 건져냈
다. 더불어 다른 많은 아이도 건져냈다. 페낙은 그분들에게 생명의
빚을 지고 있다고 고백한다.

페낙은 "앎을 가로막는 데는 슬픔보다 더한 차단벽이 없다"고 말한다. 그러므로 어머니는 언제나 문제가 된다. "이 애가 장차 무엇이 될지…" 근심하는 어머니의 슬픈 얼굴. 희망 없는 현재의 이미지를 통해 아이의 미래를 생각하고 바라보는 것. 바로 여기에 모든 어머니의 거대한 공포가 있다.

사실 자녀의 성적이 낮을 때, 또 자신의 기대에 미치지 못할 때 많은 부모는 걱정과 불안으로 자녀를 바라보게 된다. 그리고 자녀의 미래를 생각할 때 마다 불안한 마음을 진정시키기 어렵다. 또한 교사 입장에서도 그런 학생을 바라본다면 페낙의 구원자들처럼 그렇게 쳐다보지는 못할 것이다.

아이들을 공부하게 하려면 어떻게 해야 할까? 잘 가르치는 선생님이 있는 좋은 학원을 소개해 주면 될까? 아이들에게는 호기심과 흥미진진함이 학습 의욕을 키우는 최선의 방법이 된다. '앎의 욕망'을 자극하고 '사랑'으로 다가서라는 페낙의 말을 기억하자. 페낙 안에 잠들어 있던 잠재력을 깨웠던 구원자들의 눈으로 아이들을 바라보자. 지식을 잘 설명해 주는 것이 최고의 공부 방법은 아니다. 이제는 가르침 없이 배움이 일어날 수 있도록 어떻게 코칭할 것인지 고민해야 할 때다.

거꾸로 학습코칭

참고문헌

《소설처럼》, 다니엘 페낙, 문학과지성사

《학교의 슬픔》, 다니엘 페낙, 문학동네

《거꾸로 교실 거꾸로 공부》, 정형권, 더메이커

《코칭입문》, 홍의숙 이희경, 교보문고

《코칭 퀘스천》, 토니 스톨츠푸스, 동쪽나라

《장군의 경영학》, 고든 R 설리번, 창작시대

《청소년 감정코칭》, 최성애 조벽, 해냄

《자기주도적 공부습관을 길러주는 학습코칭》, 전도근, 학지사

《1등을 만드는 읽기 혁명》, 김창환, 글로세움

《그림으로 읽는 생생 심리학》, 이소라, 그리고책

《몰입》, 황농문, 랜덤 하우스

《놓치고 싶지 않은 니의 꿈 나의 인생》, 나폴레온 힐, 국일 미디어

《도박사의 천공법》, 도임자, 삼양미디어

《상위 1%만 실천하는 공부의 기술》, 김동환, 시간과 공간사

《부모가 아이에게 물려주어야 할 최고의 유산》, 문용린, leaders book

《현자들의 평생 공부법》, 김영수, 역사의 아침

《공부의 비결》, 세바스티안 라이트너, 들녘

《아웃라이어》, 말콤 글래드 웰, 김영사

《선인들의 공부법》, 박희병, 창작과 비평사

《크라센의 읽기혁명》, 크라센, 르네상스

《전략적 공부기술》, 베레나 슈타이너 , 들녘미디어

《섬기는 부모가 자녀를 큰사람으로 만든다》, 전혜성, 랜덤하우스

《부모코칭 프로그램》, Michael H. Popkin, 학지사

《서울시 교육청 자기주도학습 자료집 자기주도학습 지침서》, 교육과
학기술부

《자기주도학습 프로그램 길라잡이》, 서울시 교육청

《그 많은 똑똑한 아이들은 어디로 갔을까?》, 권재원, 지식프레임

《공부하는 힘》, 황농문, 렌덤하우스

《서울대에서는 누가 A$^+$를 받는가》, 이혜정, 다산에듀

《공부하는 인간》, KBS 공부하는 인간 제작팀, 예담

《행복교과서》, 서울학교 행복 연구센터, 주니어 김영사

《교사를 춤추게 하라》, 우치다 타츠루, 민들레

《왓칭》, 김상운, 정신세계사

《창의융합콘서트》, 최재천 외, 엘도라도

《실행이 답이다》, 이민규, 더난출판사

《파는 것이 인간이다》, 다니엘 핑크, 청림출판

덜 가르치고 더 많이 배우는 법
거꾸로 학습코칭

2016년 5월 10일 1판 1쇄 인쇄
2016년 5월 25일 1판 1쇄 발행

지은이 | 정형권
펴낸이 | 이병일
펴낸곳 | **더메이커**
주　소 | 10521 경기도 고양시 덕양구 무원로 63 1009-305
전　화 | 031-973-8302
팩　스 | 0504-178-8302
이메일 | tmakerpub@hanmail.net
등　록 | 제 2015-000148호(2015년 7월 15일)

ISBN | 979-11-955949-4-8 (13590)
ⓒ 정형권, 2016

「이 도서의 국립중앙도서관 출판예정도서목록(CIP)은 서지정보유통지원시스템 홈페이지
(http://seoji.nl.go.kr)와 국가자료공동목록시스템(http://www.nl.go.kr/kolisnet)에서
이용하실 수 있습니다.(CIP제어번호: CIP2016011140)」